추억의 길을 거닐다,
5번 국도

추억의 길을 거닐다, 5번 국도

지은이 ｜ 최우식

발행일 ｜ 초판 1쇄 2013년 2월 8일
          2쇄 2013년 2월 25일

발행처 ｜ 멘토프레스

발행인 ｜ 이경숙

인쇄 · 제본 ｜ 한영문화사

등록번호 ｜ 201-12-80347 / 등록일 2006년 5월 2일

주소 ｜ 서울시 중구 충무로 2가 49-30 태광빌딩 302호

전화 ｜ (02)2272-0907   팩스 ｜ (02)2272-0974

E-mail ｜ mentorpress@daum.net
          memory777@naver.com

홈피 ｜ www.mentorpress.co.kr

ISBN 978-89-93442-27-4 03980

추억의 길을 거닐다, 5번 국도

멘또 preSS

제4장 깊어가는 가을
속세와 불가를 기웃거리다

제5장 늦가을에서 초겨울로……
5번 국도 종점을 향하다

서문

출발 전 심호흡……

어디를 어떻게 갈 것인가 고민하면서 다양한 기행문들을 읽어보게 되었다. 몇몇 잘 알려진 분들 외에도 다양한 생각을 가진 분들이 참 많았다. 그런 종류의 책들은 어느 서점에서나 한 코너를 이루고 있었다. 책을 쓰는 것을 직업으로 삼고 계시는 분들도 있었고, 취미로 기행문을 쓰는 분들도 있었다.

한강, 낙동강, 금강을 발원지부터 시작하여 바다로까지 이어지는 물줄기를 탐사하고 기록하시는 분들. 오직 탑을 대상으로, 산을 대상으로, 사찰 혹은 암자를 찾아 떠나는 여정을 목적으로 하신 분들. 오직 한 길만을 고집하시는 분들도 무척 많았다. 우리나라가 고만고만하고 좁다는 이유로, 인위적 손질을 거치지 않은 곳이 드물다는 이유로 외국을 기행하신 분들도 많았다. 특히 스페인 산티아고 순례길, 중국 순례길, 일본 시코쿠 순례길 등이 유명했다. 종교적 성찰, 문화체험, 역사, 철학공부 등 사람들이 여행을 떠나는 목적은 무척 다양한 것이었다. 여행 사진들은 하나같이 참 멋도 있었다. 한편 1번 국도를 따라, 또 7번 국도를 따라 거닐었던 기억으로 소설을 쓴 작가도 있었다.

무작정 떠나고자 했던 자신이 혼란스러웠다. 목적이 있어야 좀 더 의미가 있지 않을까? 그래야 쉽게 회의감에 빠지지 않을 수 있지 않을까? 여러 날 고민해보았다. 그러나 어차피 가장 중요한 것은 어린 시절 내 가슴을 설레게 했던 여행에 대한 막연한 기대감이 아니었던가? 무엇을 마주칠지 알 수 없고 터무니없는 그리움, 뭐 그런 것들 말이다.

음, 그래도 중간에 쉽게 포기하거나 회의에 빠지지 않으려면 기본적인 것 몇 가지는 정해야 했다. 우선 코스는 5번 국도로 정했다. 1번 국도도 좋고 3번 국도도 좋고, 누군가 권해 주었던 남해안 도로를 따라가는 것도 고려해보았다. 주로 해안선을 이어 뻗어나가는 2번 국도가 될 터였다. 그러나 목적 없이 자리를 비울 수 있는 처지가 못 되니까, 고작 주말에 하루 이틀, 그것도 한 달에 한 번 두 번 정도 시간이 날 것이었다. 고로, 접근성이나 편의성을 고려하지 않을 수 없었다.

아아, 또 생각이 많아진다! 마음을 고쳐먹어야겠다. 볼 수 있는 만큼만 보자. 알 수 있는 만큼만 알자. 아무리 훌륭한 경치라도 한순간 스치고 지나가면 그만인 것을! 게다가 요즘에는 인터넷에서 얼마든지 자세하고 정확한 정보를 습득할 수 있지 않은가? 정작 중요한 것은 내 느낌, 나 스스로 찾아낼 의미들이나 느낌들이다. 나는 무슨 사진작품은 고사하고 카메라를 만져본 적도 드물었다. 여행지에 가서 그저 흔히들 찍는 기념사진 몇 장 찍어본 게 고작이다. 약간의 성의만 갖추어 찍고 싶은 대로 찍고 마음이 시키는 대로 기록할 것이다. 어차피 혼자 떠나는 여행인데 뭐!

　마지막으로 명심한 것은 '안전'이다. 나름대로 즐거움을 찾고자 나섰는데 무슨 일이라도 덜컥 생겨버리면 곤란하지 않겠는가? 대학을 졸업하고 평생을 제조업에 종사해오면서 어디서나 안전사고예방이었다. 첫째도 안전 둘째도 안전 노래를 불렀는데, 이놈의 팔자는 자유롭게 떠나는 여행길에서도 안전을 외치고 있다. 헛웃음이 나온다. 뭐, 어쨌든 사전 준비는 여기까지 하자. 일단 떠나보기로 하자!

2013년 1월 초
최우식

무제

많이 배우고 익히고, 생각하고
그렇게 세월은 흘러가고
그러다 문득 숨이 멈추어지면
벌떡이던 심장이
그 벌떡임을 멈추어 버리면

아무것도 아닌가
그 모든 것들은

만나면 헤어지기 마련이고
영원히 이어질 것 같았던 시간들은
곧 기억의 저편으로 사라질 것이고

그저 매 순간 그것이 최선이라고
그렇게 할 수밖에 없었다고 믿으면서
살아갈 거다, 우리는

그래도 우리는 그것을 허무라고 말하지 않는다
이 모든 일들이 우리 삶의 대부분,
중요한 일부이기

때문에

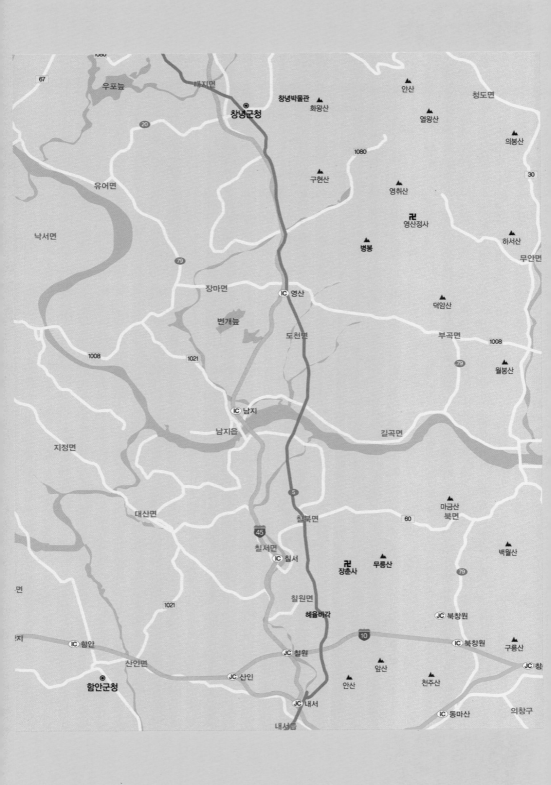

제1장

옛 추억······
그리고 5번 국도
이듬해 1월부터 그냥 걸었어

어린시절 추억의 행당동······

창원(5번 국도 초입) → 함안 → 창원 → 진해 마창대로 → 새로 생긴 자동차전용 5번 국도 → 쌀재고개 → 광려천 → 5번 국도 마산 칠서에서 남지로 가는 방향 → 칠북면 무릉터널 → 무릉산 → 장춘사 → 칠원입구(혜휼비각) → 칠서-칠서공단 → 남지대교 → 교차로 우측에 좁은 2차선 국도 → 낙동강 둑길 → 둑길 끝에 좌측 구 5번 국도, 우측 신 자동차전용 5번 국도로 갈라짐 → 송진리 → 영산까지 2~3Km 쯤 뻗은 직선길 → 도로 끝에 영취산 병봉 → 영산면 버스정류장 → 영산 향미정 → 창녕행 구 5번 국도 → 계성면(창녕 계성고분군) → 창녕박물관 → 창녕을 벗어나면 구 5번 국도와 신 5번 국도가 나옴

다시, 여행을 약속했던 곳에서

나는 아주 오래전부터 항상 어디론가 떠나고 싶었다. 그리고 3년 전부터는 조금씩 시도를 해보았다. 시도는 시도일 뿐 떠나고 싶다는 갈증을 해소할 수는 없었다. 몸이 여기저기 조금씩 아프기도 하고 체력도 떨어지는 것 같아서 더 초조했던 것일 지도 모른다. 더 늦기 전에 시작해보고 싶다. 초등학생 시절부터 중·고등학교, 대학생활로까지 간간이 이어져 오던 꿈을 어떻게든 실현해보고 싶다. 더 늦추다가는 죽을 때까지 못 가볼지도 모른다. 주말과 주말을 이어서 시작해보자. 2011년을 아주 의미있는 해로 만들어보자.

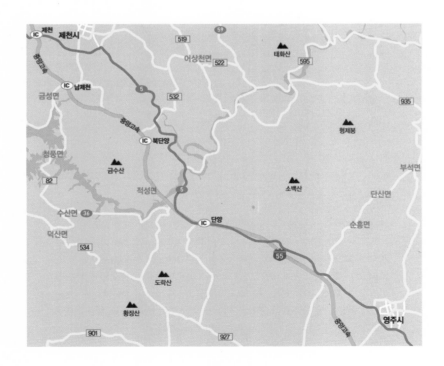

초등학교 4학년 때인가? 바로 그 시절부터 나는 어디론가 멀리 떠나는 꿈을 꾸었다. 버스와 기차를 타고 떠나는 동안 창문에는 도심과 근교의 풍경들이 파노라마로 펼쳐질 것이고, 어디든 도착하면 그곳에서는 무엇인가가 나를 기다리고 있을 것 같았다. 왕복 버스를 타고 약수동인 우리 집에서 가장 멀다고 생각되었던 불광동(서울 은평구) 종점까지 짧은 여행을 했던 적이 있었다. 155번 버스를 타고 차창가에 앉아 밖을 쳐다보고 있는 내 모습, 그 시절의 나를 떠올리면 어쩐지 기특해서 입가에 미소가 번지기도 한다. 음, 중학교 1학년 때였다. 버스 종점까지 왔다 갔다 하는 것도 시시해져서 차를 타고 한참은 가야 도착할 수 있는 곳을 떠올렸다. 부산이었다.

같은 반의 한 친구와 의기를 투합했다. 학기가 시작된 지 얼마 안 된 3월 말경, 우리는 함께 첫 여행을 계획했다. 서울역에서 저녁 8시경 부산행 완행 열차를 타면 아침 5시경에 부산에 도착한다. 그러면 내려서 여기저기 둘러보면 될 것이다. 그 시절 곳곳에 개설되기 시작했던 독서실에서 하루쯤 견디고…… 다시 부산에서 저녁 기차를 타면 새벽엔 서울에 도착할 것이었다. 1박 4일의 여행을 계획하면서 우리는 가슴이 벅차오르는 것을 느꼈다. 그때의 여운이 아직도 내게 남아 있는 것 같다. 어렸을 적 우리들의 환상 속에서 부산이란 곳은 세상에서 가장 신비로웠다.

돈이 가장 큰 문제니까 어떻게든 최소한의 비용이라도 확보하는 것이 계획의 첫걸음이었다. 우리 둘 다 용돈을 넉넉하게 받는 것도 아니었기에 최소한의 비용에서 더 줄여야 했다. 궁리 끝에 버스비를 아끼기로 했다. 등교할 때 매일 버스를 갈아타야 했는데 집에서 환승역까지 걸어가기로 했던 것이다. 당시 거리가 버스로 세넷 정거장 되었던 것 같다. 걸어서 30분 정도 걸리는 거리였다. 다행히 서로 집이 같은 방향이어서 그렇게 힘들지만은 않았던 것 같다. 이런저런 이야기를 하면서 함께 걸으니 힘이 막 솟았다. 소년에서 사춘

신당동 중앙시장에서 성동공고 정문 쪽으로 가는 이면 도로. 우측이 그 학교다.

기로 접어들 무렵 그 나이 또래 애들의 공상을 바탕으로 한 꿈같은 이야기들이었다.

지난 늦봄, 그 길을 다시 걸어보았다. 행당동에서 옛날 배명고등학교 앞으로 중앙 시장을 지나 이면 도로에 있는 옛날 성동공고 옆으로 따라 걸었다. 쭉 걸어가면 또 다른 중학교 친구였던 백제의 아버지가 운영하던 약국이 있었다. 그리고…… 청구동 네거리였다. 여기서 같이 걸어가던 친구와 헤어져 혼자 약수동까지 가곤 했다. 이면 도로에는 당시 유복한 사람들이 많이 살고 있었던 터라 좋은 집들이 많이 있었던 것으로 기억된다. 아직도 여기저기 흔적이 남아 있었다. 어떤 봄이면 활짝 핀 장미넝쿨이 제 몸을 주체하지 못하고 담장 밖에 흐드러져 있었다.

멀리 대경상고가 보였다. 그 근처 어딘가에 살았었는데, 지금은 아파트 단지가 들어서 있었다. 피아노 교습을 하는 이웃집에서 시종일관 소리가 흘러나왔지. 우리 어머니가 이웃집 강사와 자주 싸우셨던 기억이 생생하다.

옛 흔적들이 무척 반가웠다. 사실 어린 시절 이 동네 이곳저곳을 옮겨 다니며 살았기 때문에 정확히 기억나지는 않지만, 그래도 곳곳에 옛 흔적이 남아 있었다. 도시의 한구석에서 자랐기 때문일까? 한적한 시골의 논밭보다는 사람들이 다닥다닥 붙어사는 모습, 빛바랜 블록, 시멘트 담으로 이어진 좁은 골목길, 고약한 하수구 냄새가 풍기는 곳이 내겐 더 익숙하다. 초등학교시절 친구아버지가 하셨던 이발관도 또 다른 친구네집도 목욕탕도 사라지고 없었다. 하지만 터는 크게 변하지 않아서 '저기쯤 되겠구나.' 생각해볼 수는 있었다.

내친 김에 약수역 네거리를 지나 장충고등학교 쪽으로 가보았다. 초등학교 3~4학년 때쯤인가 여기 살았었다. 그 뒤로 산이 하나 있었는데 해마다 5월이면 아카시아 꽃향기가 진동했다. 좁은 골목길과 콘크리트로 대충 만든 계단이 예전 살던 모습과 차이가 별로 없었다. 아, 서울에 아직도 이런 곳이 있다니! 신이 나서 여기저기 기웃거렸다. 그 도로 이름이 다산로였던가 보다.

현대식으로 잘 지어진 건물이 나타났다. 교회였다. 그래, 지금까지 이곳저곳을 기웃거리며 본 것 중에 가장 많이 변한 것은 엄청나게 많이 들어선 거대한 교회들이었다. 죽으면 저렇게 커다란

청구동 네거리에서 약수동으로 가는 도로의 이면 도로 끝에 어슴푸레 보이는 것이 청구 초등학교이다(상). 약수동 가는 이면 도로와 교차하는 또 다른 이면 도로. 멀리 높이 보이는 건물이 대경상고다. 지금은 대경 정보산업고등학교로 그 명칭이 바뀌었다. 이 주변 어딘가에 내가 살던 집이 있었다(하).

장충고등학교 뒤쪽. 좁은 골목길. 이 근처 어디에도 살았다.

건물에서 살 수 있을까? 일단은 살아서 열심히…….

돌아서 다시 장충체육관 쪽 고갯길로 걸었다. 장충초등학교 쪽으로 내려가면 평범한 주택가들이 즐비하다. 그때는 집들이 크고 넓었던 것 같은데 지금은 아주 좁아진 느낌을 받았다. 실제로 줄어든 것은 아닌 것 같았다. 그때는 전부 개별주택이었지만 지금은 대부분이 연립 또는 원룸형태의 사오층 건물로 바뀌어 있었다. 그래도 흔적이란 게 가슴을 떨리게 하는 재주가 있는지 골목길 돌아설 때마다 한두 채씩 남아 있는 개별주택들을 마주치면 괜히 마음이 설레었다.

장충초등학교, 저기 저 교실에 내가 앉아 있었다. 이미 고인이 된 내 동생도 저 교실에서 수업을 들었다. 가만히 보고 있자니 휴일인데도 조그만 학생들이 쏟아져 나올 것 같았다.

벌써 여기저기 기웃거리며 걷기 시작한 지 4시간째인데도 쉽게 돌아서지지 않았다. 친한 친구들이 살던 마장동, 그곳이 생각났다. 친구들은 이미 다들 이사를 갔겠지만 괜히 들러보고 싶었다. 동명초등학교 담장과 마주하고 있던 집에서 친구 두 명이 나란히 이웃하여 살고 있었다. 40년 전 그 집이 그대로 있다니! 그 골목 어귀에 한참을 앉아 있었다. 자꾸 기웃거리면 수상한 자라고 신고라도 들어갈 텐데. 문밖에서 까치발을 들면 안이 훤히 들여다보였던 그 집 흔적들을 한참 동안 추억하다 발걸음을 옮겼다.

많은 추억을 남겨주기는 했지만 여행비를 마련하기 위해 버스비를 아껴보

장충초등학교 정문 앞.

자던 계획은 결국 수포로 돌아가고 말았다. 우리가 걷던 그 길가에는 떡볶이집, 오뎅집, 호떡집 등 우리를 유혹하는 것들이 무척 많았다. 특히 호떡집은 정말 치명적이었다. 그렇게 우리들의 계획은 추억만 남겨놓고 지나가 버렸다. 그 후로도 그렇게 순수한 마음으로 여행을 계획하고 실행하고자 노력했던 적이 있었을까? 없었던 것 같다.

즐거움을 찾아서, 도피를 위해, 출장을 이유로 지금까지 많은 여

40년 전 그 맛있던 호떡을 팔던 집. 지금은 무슨 회사 간판이 달려 있었다. 왕십리 뉴타운 재개발지역의 서쪽 끝에 있어 곧 무너질 지경이었다. 무너지기 전에 내가 한번 다녀가길 몸서리치게 기다리고 있었던 듯했다. 이렇게 다녀갔으니 이제 부서져도 좋다. 참고로 주변은 무슨 모텔 하나 빼고 전부 부서져 있었다.

행을 했다. 하지만 출발하기 전의 설렘이나 여행지에서 즐겁게 보냈던 시간들도 어린 시절의 추억만큼 가슴을 뛰게 하지는 않았다. 사진이나 기념품의 도움으로 순간순간의 감상들을 조금씩 되씹을 수는 있었지만 말이다.

2011년 봄, 나는 이제 떠나고자 한다. 비록 나 혼자 떠나는 여행이지만 중학교 때 친구 윤상이도 함께 갈 것이고 나의 과거, 현재, 미래도 같이 갈 것이다.

　　무엇을 목적으로 떠날 것인가? 그곳에 도착해서 찾아봐야겠지. 골목길 모퉁이를 돌면 있을까? 고갯마루 넘어가면 있을까? 아니, 길을 가는 도중에 만날지도 모른다. 어쨌든 어딘가에 반드시 존재할 것이다. 그렇게 믿고 떠나고 싶다. 혼자 가는 그 길은 나 자신의 내면 탐사일지도 모른다. 과거로의 여행일까? 미래로의 여행일까? 아! 정말 오래도록 기다려온 일을 이제 이루려고 한다.

(2010.12.16)

처음엔 그냥 걸었어

문득 눈을 뜬 1월의 아침. 답답해서 봄까지 기다릴 수가 없었다. 우선 5번 국도 초입이라도 가보자는 생각으로 시동을 걸었다. 창원 신촌로터리에서 진해 쪽으로 가다가 마창대교 쪽으로 올라갔다. 꽤나 길다고 느껴지는 터널, 그 터널을 지나 매표소에 다다르니 마창대교의 끝자락이 보였다.

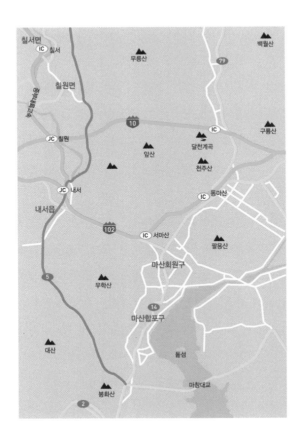

바다 위에 높은 철탑이 세워져 있었다. 아기자기한 마산만에 육중한 구조물이 떡하니 자리 잡고 있다니, 마치 조그마한 아이가 이순신 장군의 긴 칼을 차고 있는 것처럼 느껴져서 피식 웃음이 났다. 마창대로와 연결되어 새로 생긴 자동차전용 5번 국도를 좌측으로 감싸고 있는 봉우리 하나 하나에 이름을 붙여 봉화산, 광산, 대산으로 불렸다. 우측으로 무학산, 대곡산에서 흘러내린 만날재가 야트막한 야산 사이에서 나름대로 웅장한 분지를 가로지르고 있었다. 그리고 이내 터널을 통해 쌀재고개를 통과했다. 마산의 서북쪽에 있는 삼계리와 마산의 서남쪽을 이어주는 터널이라고 할 수 있다. 광려천을 좌에서 우측으로 건너게 되면 중소규모의 공단이 나타난다. 여기저기 서 있는 건설장비들과 벗겨진 나대지들을 지나 섞여 있는 그곳에 중리역이 자리 잡고 있었다. 여기서 기차를 타면 서울로 목포로 부산으로도 갈 수 있다고 하는데, 역 자체는 지금 보수 중인 것 같았다. 어떤 블로그에 올려진 사진은 그래도 한적해 보이는 예쁜 역 같았는데! 그렇다고 뭐 딱히 파란 불이 번쩍이는, 사람들이 흔히들 상상하는 한적한 간이역은 아니었다. 중리 삼거리에서 구 5번 국도와 합류하면 내서, 예곡리를 지나면서 우측 멀리에 천주산이 보이고, 그 서쪽 자락으로 앞산과 만산이 보였다. 여기쯤에서 마산과는 헤어지게 된다.

나는 왜 이 길을 가고 또 이런 글을 적어보려 했을까? 무엇을 마음에 새기고 기록하려는 것일까? 이제 이 나이쯤 되면 새로운 의문보다는 어느 정도 타협된 답이라도 가지고는 있어야 할 텐데. 이렇게 새로운 의문만 만들어내고 있으니 수수께끼 의문들만 한 보따리 싸서 무덤까지 가져가려나 보다.

5번 국도 칠서에서 남지로 가는 방향. 무릉터널에 진입하기 전 오른편에 보이는 것이 무릉산이다. 설날이 시작되기 일주 전 일요일은 추운 날씨였다. 나는 칠서 쪽에서 장춘사 쪽으로 오르는 길을 택했다.

무릉산으로 막 들어서고 얼마 안 되어서 남향으로 자리 잡고 있는 개인 무덤이 보였다. 이곳에 묻힌 어느 분은 죽어서 무릉에 자리 잡았으니 더할 나위 없겠고, 후손이 이렇게 무덤을 잘 가꾼 것을 보니 살아서도 부러울 것이 없었겠다.

차가 한 대 정도 들어갈 수 있는 길이라서 걷기는 편했다. 올라가는 길에는 여기저기 무덤들이 보였다. 대부분은 나름대로 잘 가꾸어지고 치장되어 있었다. 여기에 묘를 쓰고 후손들이 잘되고 후손들은 묘를 더욱 잘 가꾸고. 나름대로 선순환의 구조일 것이다. 죽어서 무릉에 들었으니 살아서 그 팔자도 좋았으리라.

산 중턱에 들어서니 맞은편에 작대산이 보였다. 함안 레이크힐스라는 골프장을 아랫자락으로 품고 있는 산이다. 그리 멀리 있는 산이 아닌데도 아련히 떠있는 듯했다. 찬바람이 휑하니 불었다. 그렇게 이어지는 샛길에 이정표가 있었고 간단한 운동기구와 앉아서 쉴 자리가 마련되어 있었다. 여기까지 올라오는 데 별 어려움이 없었기 때문에 '누가 여기 앉아 쉬고 가려나?' 조금 엉뚱하다는 생

무릉산 중턱에 있는 등산 안내도. 장춘사 가는 길과 정상으로 가는 길로 나뉜 곳에 서 있다.

21

장춘사 가는 길. 들어서기 전에 일주문을 세워 놓았으면 좋았을 걸. 길이 좁아도 분위기는 그만이다. 슬쩍 보이는 장춘사의 모습도 일품인데 저놈의 전봇대만 없었더라면.

각도 들었다.

이곳 갈림길에서 11시 방향 왼쪽 길이 장춘사로 향하는 길이다. 1시 방향 쯤에 정상으로 향하는 길이 있었다. 문득 정상까지 가보고 싶은 마음이 샘솟 았으나 이내 포기하고 장춘사 쪽으로 향했다. 찬바람이 썰렁하니 불어서 몹 시 추웠기 때문이다.

장춘사로 가는 길은 아늑하고 편안하다. 산허리를 안쪽으

로 파고 들어가서인지 편안한 기분이 드는 것이 속세를 떠나 불국정토의 세 계로 들어가는 것 같다고 묘사하면 너무 거창하려나? 비록 소박하고 아담한 곳이기는 하지만 이곳을 방문하는 불자의 마음은 달랐으리라.

대웅전 옆에 있는 5층 석탑. '탑'은 그곳에 부처가 머물고 있다는 의미라 했다. 탑의 지대석만 제 것인 듯하고 옥신이나 옥개, 상륜부 등은 이리저리 조합하여 만든 것 같다. 그러면 어떠리. 이곳에 자비의 부처님이 머물고 계신다는 것을 말해주고 있으면 그만인 것을.

 장춘사 입구에는 작고 소박한 '무릉산 장춘사' 현판이 있었다. 절을 세운 분이 의도했던 것일까? 아직 절이 보이지 않는 초입부터 대나무 숲이 등성이를 타고 오가는 바람과 어우러져 군무를 연출하고 있었다. 그리고 장춘사, 아주 예뻤다.

 젊은 시절 어느 겨울, 미팅에서 만난 여학생과 찻집에서 만나기로 약속을 했었다. 그 찻집에 막 들어설 때 출입구 쪽 한 모퉁이에 코트도 벗지 않고 앉아 나를 기다리는 그 여학생이 보였다. 빨간 코트를 입고 있던 그 여학생은 그 모습이 매우 예뻤다. 그날 만나서 무엇을 했는지 그 이후 어떻게 됐는지 기억은 나지 않지만 장춘사를 처음 마주한 순간 그때 그 종로 찻집이 훅 떠올

잘 다듬어진 싸리문을 넘겨다본 '무세전'의 정면모습. 작은 것에도 섬세한 손길이 느껴지는 것을 보면 지금 이곳에서 사는 분들은 무척 정갈한 분들인 것 같다. 옆에 탑만 없었으면 싸리문을 열고 들어설 때 흰머리 곱게 빗으신 우리 할머니라도 뛰어나오실 것 같다. 잔잔하고 단아한 이곳을 보며 왜 울컥해지는지 모르겠다. 지세와 어울려 가장 예쁘게 자리 잡고 있는데도 불구하고.

랐다. 장춘사를 둘러보는 동안 자질구레한 상념들이 목덜미를 파고드는 차가운 바람에 다 날아가 버렸다.

절 밖으로 나서는 발걸음은 가볍지도 무겁지도 않았다.

다리를 건너, 둑을 따라, 고분을 돌아

3월이 시작된 지도 2주가 지났다. 아직도 바람은 제법 차가웠다. 토요일 오전 9시, 중리삼거리(내서읍)는 평일처럼 약간 분주하였다. 이곳이 마산의 외곽인데 코오롱 아파트가 숲을 이루고 있었다. 아파트가 사라지자 이내 여느 도시의 외곽에서 볼 수 있는 것처럼 늘어선 화원들, 건자재상들, 그리고 약간의 나대지들, 버려진 폐자재, 버려진 듯한 집들……

이곳이 함안군임을 알리는 첫 번째 이정표가 있는 곳이다(상).
함안군에 있는 기념할 만한 곳을 안내하는 표지판이 있어 찍
어보았다(하).

함안군을 안내하는 표지판이 보였다. 3월임에도 봄이 영영 오지 않을 것처럼 나목과 누런 들판은 처절하기까지 했다. 도시 외곽이 늘 그렇듯 다소 쓸쓸하였다. 그래도 사이사이 보이는 푸르름은 이제 곧 대세가 되리라. 길은 도시인지 농촌인지 공단인지 모를 지역을 이어가며 계속되고 있었다.

재작년, 독일에 방문한 적이 있었다. 프랑크푸르트에 있는 거래처가 목적이었지만 거래를 시작한 지 6~7년은 되었으니까 벌써 예닐곱 번째는 될 것이었다. 여러 차례 방문했음에도 그저 거래처에 방문해 저녁초대에 응하고, 프랑크푸르트 역 앞에 있는 한식집(이름이 '아리랑'인지 잘 기억은 안 나지만)에서 우리끼리 먹고 마시고 하는 것이 고작이었다.

그런데 재작년 방문 시에는 루마니아의 부카레스트로 가는 일정에 차질이 생겨 주말을 그곳에서 보내게 되었다. 정식으로 관광을 해보자! 그렇게 마음을 먹었다. 차를 가진 가이드를 수배했고 그 주말 우리는 8시간짜리 관광을 하게 되었다. 단순히 출장을 떠난 것이었기에 카메라조차 가져가지 않은 관계로 시내 쇼핑몰에서 카메라부터 구입했다. 이어지는 시내관광, 라인 강변

마산이 끝나고 함안군이 시작될 무렵 좌측으로 보이는 아파트 단지와 넓은 들. 포장되지 않은 농로의, 아직 봄을 알아채지 못한 나무 몇 그루. 그래도 들에는 푸른 기운이 옅게라도 감돌아 봄을 예고하고 있는 듯했다.

을 따라 로렐라이 언덕까지 갔다가 다리를 건너는 코스. 돌아올 때에는 배편을 이용하는 코스였다. 아름다운 길이었다. 강을 사이에 낀 숲도 아름다웠고 마을도 아름다웠다. 가이드는 독일에 광부로 왔다가 이곳에서 영주권을 얻어 살고 계신 분이었다. 그는 독일에서 사는 것에 대한 대단한 자부심을 가지고 있었다. 60~70년대 한국을 생각하고 비교를 많이 하는 것 같아 몇 가지 정정을 해주고 싶었지만 하지 않았다. 각자 자기 인생을 관통하는 자신만의 시대를 살아왔으니까, 또 살아갈 테니까.

　그분 말이 독일에는 어디에서도 자기가 사는 곳에서 반경 10Km 이내에

도시인지 농촌인지 공단인지 모를 길이 이어져 있었다.

회사가 있으며 그것도 크든 작든 각 분야에서 세계 일류라고 할 수 있는 회사들이 대부분이라고 했다. 굳이 농업에 종사하지 않아도 고향에서 전원생활을 하면서 충분히 직장생활을 할 수 있다는 것이었다. 공감하지 않을 수 없었다. 우리가 거래하는 독일회사도 그 중 하나니까.

그런데 생각해보면 우리나라도 뭐 그렇게 다를 것 없다. 도로가 되어 있는 곳은 어디나 그렇다. 반경 10Km가 아니고 2Km 이내에 공장과 회사들이 즐비하다. 다만 그 공장들이 대부분 일류가 아니라는 점만 제외하면…… 현대적이고 자동화된 공장을 가진 대기업들의 하청, 재하청, 재재하청 공장들이며 근무하는 분들이 대부분 고향의 전원주택에서 자연 친화적으로 사시는 분들이 아니라는 점. 중국, 필리핀, 베트남, 멀리 우크라이나, 우즈베키스탄 등지에서 사시던 분들이라는 것이 차이라면 차이라고 하겠지만. 아! 어쩌면 우리가 더 진보적인 것일 수도 있겠다. 아주 기초적인 부분에서부터 철저히 국제화를 이루었기 때문이다. 일단 언어적으로도 그렇다. 세계 각지의 말들이 섞여서 고함, 비명, 손짓, 발짓으로 지시가 이루어지고 또 그것으로 협동작업도 가능하니까 말이다. 이렇게 생각하면 우리나라도 참 대단하다. 나 자신이 그런 체인의 한 구성원이기 때문에 잘 알고 있는지도 모르겠다. "And God, I know I am one." 〈The house of rising sun〉이라는 60년대 팝송에 나오는 구절이다. 내가 어느 한 시대의 구성원이라고 생각될 때마다 마음이 푹 젖는다.

칠원면의 마산쪽 입구에 있는 함안 홍보 건조물. '바르게 살자' 라는
구호가 적힌 석비도 있었다.

칠원 입구에 있는 함안군 표시판. 자연의

조화를 상징한 것 같은데 그 옆, 기념석에 새겨진 구호가

재미있었다. "바르게 살자"

　바르게살기운동 중앙협의회라는 민간단체에서 주도하

는 국민정신운동이라고 하는데 1989년 설립되어 2008

년도에는 관계 법령까지 제정되어 정부에서 지원한다고 했다. 새마을 운동의

정신이 남아 있다는 증거다. 하지만 실체가 없이 정신만 남아 있어 애매하기

는 참 애매하다. 전국에 회원이 60만이 넘는다고 하는데……

　칠원의 거리에는 참봉 주시성(1843~1923)공 혜휼비각이 있다. 참봉 주시

성은 이 지역에서 만석 지기의 대부호로 흉년이 들 때마다 창고를 열어 수십

석의 곡식을 내어놓았다고 하며 특히 병술년(1886년) 대 흉년에는 더 많은 곡

식을 풀어 구휼에 앞장섰으며 이로 고종으로부터 순능참봉과 중추원 의관(종

칠원면 중심부에 있는 '참봉 주시성공의 혜휼비각'

2품)으로 제수되었고 유림과 친척들이 그 뜻을 기려 이 혜휼비와 비각을 세웠다고 한다. 국권침탈 직전인 1909년에도 의병들을 지원하여 후에 곤욕을 치르기도 했단다. 이곳에서 대산 쪽으로 고개를 넘으면 신재 주세붕 선생을 기리기 위해 설립했다는 덕연서원이 있는데 그분의 후예인가도 싶었다. 후손들은 지방문화재로 등재되기를 바라고 있는데 지금까진 잘 안 된 모양이다. 덕연서원은 경상남도 문화재자료 제67호로 제정되었다. 무엇이든 잘한 것은 기리는 것이 좋을 것이다. 아무쪼록 다 잘되기를 바랍니다!

　이 거리는 제법 면다운 데가 있었는데 입구에 큰 아파트 단지가 건축 중에 있었다. 전국적으로 여기저기서 재개발을 중단하고 있다는 LH에서 건설을 계속하고 있는 것을 보면 제법 사업성이 있다고 판단했던 모양이다.

칠원 입구 쪽에 건설되고 있는 아파트 현장. 이곳도 재개발은 피할 수 없는 과제인가보다.

면에는 공장들과 옛날부터 있었던 것으로 보이는 가옥들과 꽤 오래된 또 얼마 안 된 아파트들이 즐비했다. 여기저기 임대 중이라는 글씨가 붙어 있는 상점 건물들은 자기들 나름대로의 질서를 가지고 섞여 있었다. 여기서 칠서-칠서공단까지 간 다음 남지대교를 건넜다.

남지 쪽을 지나며
벗에게 노래를 들려주다

남지대교를 건너 교차로에서 우측으로 향하는 좁은 2차선 국도, 걷기에는 갓길이 너무 좁아 섬뜩했지만 예상하지 못한 둑길이 있었다. 구 5번 국도를 따라 낙동강 둑길이 이어졌다. 함안보 상류지역에는 거대한 모래톱이 발달되어 있었다. 물론 이곳에서도 '4대강 사업' 작업이 한창 진행 중이었다. 주말이어서 그런지 작업차량이 별로 없었다. 여기서 상류 쪽 모래톱은 유채꽃 들판으로 유명한 곳이기도 하지만 넓기로는 이쪽이 훨씬 넓었다.

구 5번 국도를 우측에 끼고 둥글게 이어진 둑길. 내려오는 길에서 보았으면 좌측이 되겠지. 세상만사 그런 거다.

남지읍의 영산 쪽 입구에 서 있는 조형물. 남지읍을 상징하는 고추, 오이, 유채꽃을 동시에 상징하고 있는 조형물이다. 자세히 보면 그것들의 형태를 취하고 있다.

봄이 오긴 오나 보다 싶었다. 시간이 오후 1시를 지나 2시에 조금 못 미치는 때가 되어 등에 살짝 땀이 배어 나왔다. 둑을 따라 걷는 길. 어린 시절 친구와 함께 걷던 둑길이 생각났다. 우리 학교는 성수동에 있었다. 성수동에서 이어지는 둑길은 당시의 교대 앞을 거쳐 한강까지 이어졌다. 차이가 있다면 그 당시의 둑길이 매우 좁았고 둑 양쪽으로 잡초가 우거져 있었다는 것이다. 물론 이 길도 이제 봄이 닥쳤으니 곧 많은 변화가 있겠지. 친구와 나눴던 이야기들이 지금은 잘 생각나지 않지만 한 가지는 생각난다. 그즈음에 배웠던 노래인 것으로 기억하는데 몇 소절은 지금도 흥얼거린다. 왜 뒷부분의 몇 소절을 흥얼거리게 되었을까. 나중에 인터넷에서 이리저리 찾아보고서야 그 이유를 알 수 있었다. 당시 상황과 가사가 전혀 어울리지 않았기 때문이었다. 그 당시 그 둑 사이로 서울 강동에는 생활하수가 흐르고 있었으니…… 유명한 노래이긴 하지만 한 번 되새겨보고 싶다.

4대강사업 남지 쪽 작업현장.

나의 벗

찰랑대는 강가에
서로 손을 맞잡아

지난일 생각하며
앞날을 맹세할 때
새 희망에 벅차는
두 가슴은 뛰었네

생각하면 그 옛날
삼 년이 흘렀구나

그리운 내 친구여
그대 지금은 어딨노

(중략)

흘러가는 세월은
막을 수 있으련만

라이턴(영국가곡 작곡가 1816~1880)

온 길을 돌아보았다. 멀리 보이는 다리가 남지대교로 함안군 칠서면에서 창녕군 남지읍으로 연결된 다리이다. 소년 시절에 꿈꾸었던 벅찬 미래, 나는 그 꿈과 이상을 포기하지 않고 살아왔던가?

　나도 노래를 잘했으면 좋겠다. 감정을 실어서 멋지게 불러보았으면 좋겠다. 친구를 생각하면서 큰 소리로 불러보았으면 좋겠다. 공연히 뒤를 돌아보았다. '많이 왔네.' 속으로 몇 번이고 되뇌어 보았다.

　둑길이 끝날 무렵 작은 다리가 나왔다. 왕복 2차로인데 갓길도 없고 아주 좁았다. 길이는 30~40m 정도 되는 것 같았다. 차들이 무심하게 쌩쌩 달려서 다소 위험했지만 어쩔 수 없었다. 다리에 올라 10m쯤 가다가 다리 아래를 보니 길이 있었다. 저리 가면 될 걸, 후회는 이미 늦었고 7~8m 되는 높이를 뛰어내릴 수도 없었다. 가드레일에 바싹 붙어 후들거리는 다리를 달래며 빨리

이곳에서 구 5번 국도는 좌측으로 꺾어진다. 한편, 신 자동차전용 5번 국도는 우측으로 이어진다. 이런저런 생각에 잠기게 했던 둑길도 여기서 안녕이다.

송진리 길에서 영산까지 쭉 뻗은 2~3km쯤의 직선 길.

걸을 수밖에 없었다. 그래도 뭐, 다시 둑길로 들어서니 힘이 새로 솟았다. 이렇게 좋은 길이…… 즐거움도 잠시! 이 길과도 송진삼거리에서 헤어지고 다시 위험한 차도로 걸어야 했다.

송진리 길을 벗어나면 영산까지 쭉 뻗은 직선 길. 송진
리 길에서 2~3km 가다보면 도로 끝에 아주 희미하게 보이는 산이 영취산 병봉이다. 영산은 병봉 서쪽자락에 면 소재지를 가지고 있다. 아무렇게나 찍어놓은 것 같지만 길의 의미를 생각하게 하는 구도다. 내가 생각해도 잘 찍었다.

그곳을 벗어나면 2Km의 직선 차도. 차량을 마주 보고 걷다가 운전자와 눈이라도 마주치면 그 차가 와락 달려드는 느낌이 든다. 그래서 등지고 걷기로 했다. 나를 들이받거나 아니거나 그들 소관이니까. 그대들 마음대로 하세요.

사진으로 보기보다는 훨씬 씩씩하고 우람해 보이는 산이다. 찍어놓고 보니까 그저
그런 뒷산처럼 보이긴 한다. 영산이 기대고 있는 영취산 병봉의 남지 쪽 도로에서
본 모습. 사진 중심부의 살짝 솟은 봉우리가 병봉의 뒤쪽에서 머리만 내밀고 있는
것인데 이것이 영취산이다. 7~8장은 찍었는데…… 그래도 그 중 가장 나은 것이라
고 생각하고 골랐다.

발걸음을 옮길수록 병봉은 다가왔다. 병봉은 의젓했고 씩씩했다. 사진을 여
러 장 찍어서 나중에 보니까 그렇게 우람해 보이지 않는 것을 보면, 병봉의
다른 이름이 고깔봉인 이유를 알 것 같기도 하다.

주말이라 그런지 영산면은 조금 한가롭게 느껴졌다. 면에 들어서면 바로
마주하게 되는 연지 저수지. 면 전체를 아우르는 모습이었다. 면 규모에 비해
아주 크고 연못처럼 예쁘게 가꾸어져 있었다. 어딘지 조금 덜 채워진 모습이
지만 그곳에 사시는 분들의 노력이 곳곳에서 엿보였다.

향미정을 돌아
영산, 창녕으로 가는 길

영산면 중심부에 있는 연지 저수지. 면의 규모와는 어울리지 않게 크다
는 느낌이다. 저수지를 한 바퀴 둘러보고 로터리에서 윗길로 따라가면
영산 버스정류소가 나온다. 다시 창녕으로 가는 구 5번 국도. 즐비한
모텔들과 낮은 고개를 지나면서 계성면이 보이기 시작했다. 이곳의 지
명이 바로 창녕군 계성고분군이었다. 창녕은 고분 투성이다. 그만큼 오
래전부터 사람들이 살았다는 증거일 터. 계성면의 위쪽에는 새로 생겼
다는 힐마루 골프장 입구가 있었다. 송현사 거리까지 갔다가 다시 우회
전, 창녕박물관 쪽으로 향했다. 그리고 다시 5번 국도.

영산면 중심부에 있는 연지 저수지. 면의 규모와는 어울리지 않게 크다는 느낌이다. 저수지가 생기고
사람들이 모여 살기 시작했겠지. 나름대로 잘 정리되어 있었지만 어딘가 조금 부족한 느낌이 들었다.
주말이어서 그런지 아이들과 마실 나온 부모들도 꽤 있었다. 그래 좀 부족하면 어떤가? 면민들이 즐
거워하면 됐지!

연지 저수지 안에 세워진 향미정. 20세기 초에 증개축했다고 한다. 윗사진은 앞에서
본 것이고 아랫것은 저수지 건너서 본 것이다. 볕이 들었다가 말았다가 하는 바람에
두 사진의 느낌이 영 다르게 되었다.

조금 더 걸어가 보니 향미정이 보였다. 중국 향주 호수에 있
는 미정을 본떠서 만들었다고 한다. 우리 조상들은 어디 경치 좋은 곳이 있으
면 정자 같은 것을 짓지 못해 안달이었나 보다. 그럴싸한 곳에 이렇게 정자를
지어놓고 5경이니 8경이니 하는 것을 보면, 요즘 내 생각엔 내버려 둘 수 있
는 곳은 좀 내버려두는 것도 좋을 것 같다. 물론 이곳 향미정을 두고 하는 소
리는 아니다.

저수지를 한 바퀴 둘러보고 로터리에서 윗길로 따라가면 영산 버스정류소
가 나온다. 작고 오래된 것 같았지만 도색도 새로 하고 나름대로 정돈이 되어
있었다. 들어설 때 틀에 잘 안 맞는 아니, 세월에 변형된 미닫이 나무문이 있
고 안에는 나무의자와 매표창구가 있었다. 또 한 시간 간격으로 있는 버스를
놓치고 못내 아쉬워하는 할머니도 계셨고 어디서 날아왔을지 모를 쓰레기를
연신 줍는 관리인 아저씨도 계셨다. 작고 좁은 정류소지만 과객의 마음을 들
뜨게 하는 데는 부족함이 없었다.

영산면의 간이 버스정류소. 매표창구는 비어 있어서 자동 매표소에서 표를 구매해야 한다(상). 올 들어 처음 발견한 개나리. 영산 버스정류소 뒤쪽 KT&G 건물의 입구 쪽이었다. 개나리 꽃망울이 막 열리기 시작했다. 병봉이 어깨 너머로 살짝 엿보고 있는 듯했다(하).

정류소 뒤편으로는 택시가 길게 늘어서 있는 택시부가 있었다. 그쪽을 돌아 구 5번 국도로 다시 오르려는 찰나 올 들어 처음으로 개나리꽃을 목격했다. 겨우내 그렇게 푸르렀던 대나무가 봄볕에 제 빛을 잃어가는 모습도 발견했다. 그 뒤편으로는 이들을 지켜보는 병봉이 있었다.

다시 창녕으로 가는 구 5번 국도. 즐비한 모텔들. 옛날식 다방에 앉아 있는 새빨간 립스틱에 나름대로 멋을 부린 마담 같은 모습이었다. 그리고 식당들. 이곳에는 나 같은 과객들이 참 많은가 보다. 고속도로 굴다리를 지나면서 이어지는 길. 낮은 고개를 지나면서 계성면이 막 보이기 시작했다. 바로 거기서 발견한 고분 하나. 이곳의 지명이 바로 창녕군 계성고분군이었다.

영산을 벗어나 계성면에 다다를 때쯤 내리막길에 불쑥 나타난 고분 하나. 창녕군 고분군 중 1기, 삼국시대의 것으로 여겨진다고 한다. 앞으로 많은 고분군을 만나게 될 것이다.

앞으로도 고분군을 여럿 볼 것인데 이러다가는 창녕은 고분밖에 없는 줄 알겠다. 그만큼 오래전부터 사람들이 살았다는 증거일 터. 지킬 것 지키면서 살았다는 뜻도 되겠다. 언덕을 따라 내려오면 계성면의 입구도 되고 화왕산 등산로 중 남쪽 입구도 되는 사거리를 만나게 된다. 토요일 정오를 지난 때인데 아주 한산한 모습이었다. 아직 등산시즌이 아니라서 그런가? 계성입구 다리를 건너오다 다리 아래쪽을 내려다보았다.

봄철이라 흐르는 물은 많지 않았지만 송사리떼와 은어떼가 이리저리 움직이는 것이 보였다. 반가운 것들. 한참을 내려다보고 있는데 뒤에서 누군가가 나를 쳐다보고 있는 것 같았다. 아! 길을 건너올 때 슬쩍 마주쳤던 사십대 남녀! 나를 쳐다보며 "웬 이상한 놈이……" 하는 것 같았다.

계성면에 들어서면서 영산면과는 아주 다른 느낌을 받았다. 영산은 역동성이 느껴졌는데 계성은 잔잔하고 조용하였다. 이곳에는 과객들이 별로 없나? 모텔도 식당도 거의 없었다.

계성면의 위쪽에는 새로 생겼다는 힐마루 골프장 입구가 있었다. 계성면이 그 끝을 보일 때쯤 구 5번 국도

계성면 입구 사거리. 안내 표시판이 있는 쪽으로 따라가면 화왕산 남쪽 등산로가 나온다(상). 계성면 입구 다리에서 내려다본 계성천. 금방 은어떼가 지나갔는데 카메라에 잡히지 않았다. 재빠른 녀석들(중). 이곳 계성은 한가롭고 나직한 기운을 품고 있다(하).

지쳐 헐떡대는 나를 보고 '후후후' 하며 넘겨보고 있는 화왕산(좌). '여기까지' 하고 돌아설 때, 나무들 사이로 보이는 화왕산에서 발원하여 창녕군 송곳 저수지로 흘러가는 계곡. 물 색깔은 사진에 잡힌 것보다 훨씬 예쁜 옥색이었다(우).

와 신 5번 국도가 합쳐지는 길이 나왔다. 창녕군의 군 소재지 입구까지 계속 됐는데 택시를 이용할 수밖에 없었다. 창녕군청 뒤로 올라가는 화왕산 군립 공원, 물론 5번 국도를 벗어나야 한다. 입구도 못 갔는데 벌써 숨이 차오르기 시작했다.

돌아서면서 나무 사이로 보이는 계곡의 맑은 물. 저 색이 바로 옥색이라는 색인가? 내려오는 길에 다시 만난 송현 고분군을 단순히 흙으로 쌓고 잔디로 마감을 해서 만든 것인데 용케 천몇백 년을 견디어왔다. 그동안 숱하게 밟히고 도굴되고 비바람이 몰아쳤을 터인데……. 산에서 내려와 우측으로 차도를 따라 송현사 거리까지 갔다. 다시 우회전, 창녕박물관 쪽을 향했다.

창녕박물관은 닫혀 있었다. 해가 지려면 아직 시간이 남아 있었

음에도 불구하고……. 박물관 뒤쪽 송현 고분군과 앞쪽의 교동 고분군. 이러다가는 정말 창녕에는 고분밖에 없는 줄 알겠다.

창녕 박물관. 그 뒤로 멀리 매표소 근처에 있던 고분군이 보인다.

그리고 다시 5번 국도. 창녕을 벗어나면 이제 구5번 국도와 신5번 국도가
겹쳐진다. 군이나 면 소재지에 들어가기 전에는 걷기만으로는 어려울 것 같
다. 버스를 타고 가볼까? 차를 몰고 가볼까? 하여간 더 가보자. 그렇게 마음
을 먹었다.

흙으로 쌓은 저 고분들은
어떻게 천몇백 년을 견디었을까?

창녕박물관을 내려오면서 다시 본 매표소 근처의 교동 고분군. 흙으로 쌓은 저 고분들은 어떻게 수천 수백 년을 견디었을까? 비바람에 그대로 노출되어 있는데도 불구하고(상좌). 교동 고분군에서 바라다 본 창녕의 북쪽 전경. 지금까지 보아온 고분 중에서 가장 아름다운 전경을 가졌다. 이곳에 묻힌 분들은 고분에 묻힌 분들 중에서도 비교적 그 격이 높았을 것이다(상우). 같은 고분군(교동)에 서쪽을 바라본 모습. 창녕 문화 공원의 윗부분인데 그곳에도 작은 정자가 보인다(하좌). 창녕 박물관 위쪽의 송현 고분군을 조망한 모습(하우).

3월에 내리는 눈

샤갈의 '나와 마을' 샤갈의 마을에 내리는 눈

샤갈의 마을에는 3월에 눈이 온다.
봄을 바라보고 섰는 사나이의 관자놀이에
새로 돋는 정맥이 바르르 떤다.

바르르 떠는 사나이의 관자놀이에
새로 돋은 정맥을 어루만지며
눈은 수천수만의 날개를 달고
하늘에서 내려와 샤갈의 마을의
지붕과 굴뚝을 덮는다.

3월에 눈이 오면
샤갈의 마을의 쥐똥만한 겨울의 열매들은
다시 올리브빛으로 물이 들고
밤에 아낙들은
그 해의 제일 아름다운 불을
아궁이에 지핀다.

(김춘수 시인이 자신의 시론에서 무의미시라고 말했던 그 시)

아침에 집을 나오는데 뉴스에 중부산악 지방에 눈이 내렸단다. 3월의 중반이 지나 끝에서 가까운 이 시기에 말이다. 문득 언젠가 보았던 김춘수 시인의 '샤갈의 마을에 내리는 눈'이 생각났다. 작년 3월 중순에 창원에 눈이 많이 왔을 때도 똑같은 생각을 했던 것 같다.
샤갈의 '나와 마을'이라는 그림을 보고 썼다는 시인데 어떻게 그런 관능적 느낌(나는 이 시를 관능적으로 받아들였다. 그림을 볼 때마다 이 시가 떠오른다.)을 읽어낼 수 있는지 시인의 기발한 상상력에 놀라고 있을 따름이다.

시인은 내게 이렇게 말할지도 모른다.
"이 시를 읽고 관능적이라고 감탄했다는 그대의 상상력에 감탄할 따름이오."

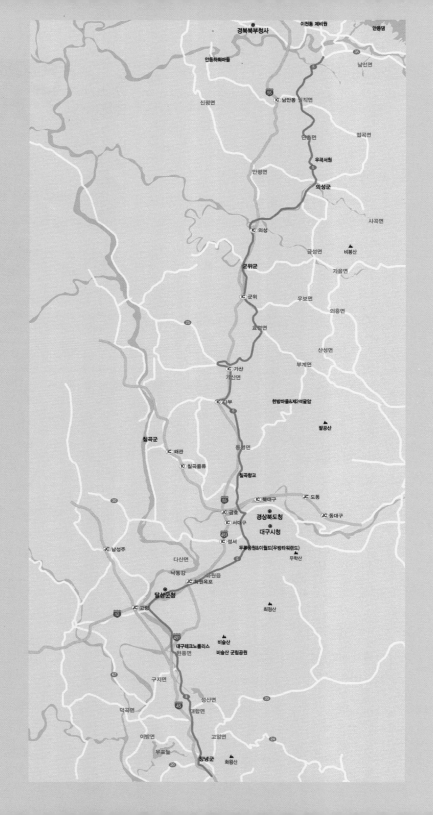

제2장 확장된 5번 국도
봄길따라 대구를 향하다

창녕의 끝 → 공포의 5번 국도 → 대합면 십이리지 → 구 5번 국도 → 현풍 → 현풍면 외곽을 지나는 5번 국도 → 달성군 → 약산온천 → 공포의 5번 국도 → 달성군 신청사 → 대곡역 → 수목원 사거리 → 관문 재래시장 → 서부정류장, 북부정류장, 서대구터미널 등장 → 서부정류장 앞 (대구지하철 성당못역)의 교차로 5번 국도 → 대구타워 → 두류공원 → 달천군 평리 지하차도를 지나 북부시외버스 공용정류장 → 좌회전하여 26번 국도와 헤어졌던 5번 국도 → 만평사거리에서 합류한 4번 국도 → 금호강 → 팔달교 → 팔거천 → 태전교 → 4번 국도는 서쪽, 5번 국도는 북쪽으로 향함 → 칠곡 중앙대로 → 칠곡향교 → 대구와 경북의 경계로 대구의 마지막 도로를 지나면 칠곡군 동영면 → 사거리 우측으로 한티재, 팔공산 순환도로와 이어지며 송림사, 한티성지 등이 있음 → 대구시 시립공동묘지 → 다부리 → 가산면지점에서 25번 국도, 67번 국도가 분리 교차 → 상행 방향 좌측으로 산 하나 넘으면 구미시, 효령면 삼거리에서 우측 919번 지방도로 → 부계면 삼거리 → 908번 지방도로를 따라 우회전 → 전원의 한적한 도로 → 부계면 → 한밤 마을 → 제2석굴암 재차 구경 → 5번 국도 → 군위군 보건소

창원 중앙역 → 밀양역 정차 → 동대구역 → 서대구 IC를 지나 의성 버스정류소에 도착 → 경북대로 옆으로 이어지는 구 5번 국도 → 우두교 다리 → 우곡서원 → 재랫재에서 경북대로(신 5번 국도) → 어울마실 → 우측 5번 국도, 좌측으로 단촌면 입구 → 단촌면 세촌리지하통로 → 미천 좌측의 둑길 → 광연교를 건너기 전 표지석 → 살곶이 다리 → 안동 시계입구 일직초교 → 신 5번 국도(암산유원지 앞산을 V자로 가르며 구 5번 국도와 만남) → 구 5번 국도를 따라 광음 1교 통과 → 남후면 무릉리 → 안동 입구 → 안동댐 가는 길에 낙동강 강변도로 곁 7층 전탑과 고성이씨종택 방문 → 하회마을 → 병산서원 → 이천동 제비원 → 봉정사 → 한국국학진흥원 → 도산서원

공포의 5번 국도

새벽에 잠이 깼다. 몇 번 뒤척이다가 눈을 뜨니 커튼 사이로 뿌연 새벽하늘이 보였다. 일어나서 차 한잔 끓여 마시고 공연히 왔다 갔다 했는데도 7시가 조금 넘었다. 그래 가보자. 지난번 창녕에 갔을 때가 3월의 셋째 주였고 지금이 4월의 셋째 주니까 꼭 한 달만이었다. 마산 시외버스터미널, 벌써 여러 번 다녀본 적이 있었는데도 불구하고 괜히 마음이 설레었다. 버스에 오르니 주차장 안내원의 출발을 알리는 커다란 소리. 스피커에서 나오는 소리가 아니라 육성 그대로 고래고래 지르는 그 소리가 괜스레 정감 있고 좋았다. 창녕까지 가는 길의 차창은 새봄을 알리는 새순들의 고사리 손짓으로 가득했다. 일주일만 빨리 시간을 냈더라면 순이 나오기 전의 꽃들로 가득했을 텐데. 어쩔 수 없는 일이었다. 몰라, 그래도 북쪽을 향하고 있으니 조금쯤 남아 있을지도. 기대를 버리지는 않기로 했다.

창녕군 소재지의 잘 정돈된 인도가 끝날 무렵 속세의 일
(?)은 잊고 즐거운 마음이 되자고 생각했다.

이 길은 공포의 5번 국도와 합쳐지는 구 5번 국도였다. 그 옆으로 죽 이어
지는 농로가 있었다. 이 구 5번 국도는 차량통행도 적었고 한산했다.

멀리 무덤 군이 보였다. 지금까지 창녕군 여기저기에서 볼 수 있었던 삼국
시대 고분군은 아니었다. 어느 오래된 집안의 선영을 모시는 선산 같았다. 잘
가꾸어지고 관리된 모습. 왜 자꾸 이런 것들만 눈에 띌까? 살아온 날들보다
살아갈 날이 턱없이 적게 남은 때문일까?

구 5번 국도와 공포의 5번 국도가 합류하는 지점이 나타났다. 이 길은 차
안에서는 잘 안 보이는 길이다. 자동차로는 여러 번 달려보았던 길이지만 이
렇게 자세히 본 것은 처음이었다. 그래, 죽으라는 법은 없구나. 안전한 농로
에 서서 공포의 5번 국도를 바라보니 넉넉한 기분이 들었다. 약 오르지? 하
는 생각도 들고. 뜻하지 않은 행운을 잡은 것 같기도 하고.

창녕읍이 끝날 무렵 나타난 공포의 5번 국도 표지판. 이정표에 창서마을이라고 표시된 길로 쭉 가면
구 5번 국도이다.

멀리 보이는 무덤 군. 어느 오래된 가문의 선산묘지 같다.

이렇게 혼자 오래 걸으면서 한 가지 기억이 떠올랐다.

군을 제대하고 복학하기 전까지 몇 달의 여유가 있었는데 제대한 날부터 계속 술에 찌들어 지냈고 그렇게 두어 달 보내던 어느 날 아침 눈을 떠보니 개봉동의 어느 허름한 여관의 좁은 방이었다. 그 시기에 어떻게 그곳까지 가게 되었는지 기억이 나지 않았다. 같이 술을 먹던 친구 중 누군가가 데려다 놨겠지. 멍한 상태로 얼마간 누워 있었다. 밖에서 다른 방을 청소하는 소리가 시끄러웠다. 빨리 나가라고 일부러 부산을 떨었던 것일지도 모르지……. 알았어요, 알았습니다!

일어나서 여관을 나섰다. 카운터를 지날 때 별말이 없던 것을 보면 어제 누군가가 여관비를 치른 모양이었다. 호주머니를 뒤져보니 아무것도 없어서 은근히 걱정했는데 안심이 되었다. 버스정류장 주변을 서성거려 보았지만 별뾰족한 방법이 없었다. 어떤 이가 발로 비벼 끈 담배만 눈에 들어올 뿐이었다. 걸어서 가는 수밖에는 별도리가 없었다. 제대하기 직전 완전군장 40Km도 했는데 개봉동에서 서대문 영천(그때 그곳에 살았다)까지 얼마나 된다고, 제대를 12월에 했으니까 2월 어느 날이었을 거다. 술이 덜 깬 머리와 끓어오르

5번 국도가 합류되기 전 구 5번 국도였음을 표시하는 표지판(좌). 구 5번 국도가 공포의 도로와 합류되고 난 뒤에도 5번 국도를 따라 이어진 농로. 멀리 보이는 것이 창녕군이다(우).

는 속, 그리고 과음 뒤에 오는 자기혐오와 공허감, 차가운 2월의 바람까지 나를 덮쳤다.

한강 다리를 지날 때 한강으로 뛰어들고 싶었다. 불쌍한 우리 어머니 생각에 마음을 고쳐먹었다. 온갖 생각이 떠올랐다. 어린 시절, 특별한 이유로 매

안전한 농로에 서서 공포의 5번 국도를 바라보는 것도 재미있다. '약 오르지' 하는 기분이 든다(좌). 왕산사거리 우측 들판(우).

우 길었던 재수 시절, 군대에 가기 전 학교생활, 군대생활 그리고 제대 이후. 무슨 이유도 목적도 없었다. 그저 순간 순간 즐거움에 살았다. 등 떠밀려 살았다. 나 잘났다고 생각하며 살았고 나 못났다고 생각하고 살았다. 저녁이 다 되어 서대문 영천에 있던 집에 도착했다. 그러려니 하고 아무도 관심이 없었다. 나는 방에 들어가 이불을 쓰고 누웠다. 눈물이 났다. 이유를 알 수 없어서 그냥 울었다. 그날 이후로 나는 남들처럼 살자고 마음먹었다. 우리 어머니가 그 시절 항상 하시던 말씀 '남들처럼'. 남들처럼 학교공부 하고 대학 졸업했고 취직 준비하고 취직했다. 남들처럼 직장 생활했고 좋은 여자 만나 사랑하고 결혼했다. 남들처럼 살았다.

멀리 미처 지지 못한 벚꽃 군이 손을 흔드는 듯했다. 그래, 내가 지나가고 나면 이젠 져도 좋다. 할 일 다 했으니까.

농로길 옆 마을로 들어가는 입구에 활짝 핀 수양벚꽃이 눈에 들어왔다. 언

아직 차마 지지 못한 벚꽃들이 나를 반기는 것 같았다. 내가 지나가고 나면 내년을 기약하며 지고 말겠지.

농로길 옆의 수양벚꽃. 이 종류의 벚꽃은 이제부터일 것이다(좌).그저 고마운 농로길. 이제 곧 끝나고 만다(우).

젠가 일본에 갔을 때 그 지방사람 말이 쓰레사쿠라(늘어진 벚꽃)라고 한 것으로 기억한다. 우리말로는 반 수양벚꽃이라는 말을 들은 것 같다. 이 종류의 벚꽃은 이제부터일 것이다. 여기쯤에서 길이 끊겨 다시 공포의 5번 국도에 잠깐 올라 낮은 산을 넘었다. 국도 옆으로 갈대숲을 낀 농로가 나타났다. 이런저런 생각에 잡혀 한동안 가만히 서 있어도 좋을 것 같았다. 창녕이 숨겨놓았던 농로는 이 길을 끝으로 더는 이어지지 않았다.

다시 오른 5번 국도. 만들기는 참 잘도 만들었다. 포장

도 잘 되었고, 곧기는 또 얼마나 곧은지. 대합면으로 가는 인터체인지에 들어서니 자동차들이 굉음을 내며 옆을 스치고 지나갔다. 무서워서 다리가 후들거리긴 했지만 조금만 더 걸어보기로 했다. 저 고개만 넘으면 창녕군이 숨겨놓은 길이 또다시 나타날지도 모르니까! 그때 우측으로 신기루처럼 마을이 하나 나타났다. 넓은 저수지 하나와 저수지 상류 쪽으로 모여 있는 아름다운 마을.

굉음을 내고 달려드는 덤프트럭에 모자를 날릴 뻔했다. 빠른 걸음으로 5분쯤 걸었는데 고개는 높아만 갔고 차들은 더 빨리 달렸다. 국도 옆 낮은 언덕은 밭이었다.

농로가 끝나고 어쩔 수 없이 들어선 공포의 5번 국도를 따라 10여 분쯤 걸었다. 우측에 나타난 아름다운 마을과 저수지. 창녕군 대합면 십이리 저수지. 십이리지라고 한다.

　안 되겠다 싶어 무조건 밭으로 내려왔다. 도랑을 따라가면 길이 있으리라. 아래로 아래로 걷다 보니 얼마 안 돼서 인도가 나왔다. 일단 인도로 올라서니 안심은 되었다. 그런데 여기에도 5번 국도 표시가 있었다.

아! 이제야 알겠다. 5번 국도를 2차선에서 4차선 도로로 확장하면서 기존 5번 도로를 활용했던 것이다. 보상비가 많이 들어가고 공사하기 까다로운 곳은 우회도로를 새로 만들었던 것! 하하, 참 둔하다. 그제야 알아채다니. 이제 알아보았자 아무 쓸모없는 일이었다. 그렇게 마주친 대합면 십이리의 저수지는 참 예뻤다. 이름이 십이리지라고 했다. 영산과는 다른 모습이었다. 저수지 상류 쪽에만 모여 있는 집들, 상점들…… 시골의 정취가 조금 더 남아 있다고나 할까? 저수지 주변에는 그 흔한 정자 한 채 없어서 순박했다.

　마침 마을 위쪽 초등학교에서는 군민의 화합과 경로를 위한 잔치가 벌어지고 있었다. 꽤 떠들썩했다. 모여 있는 사람들이 500~600명은 넘어 보였다. 서로 인사하고 이야기하고 무슨 게임에 출전하라고 독촉하는 방송이 계속 흘

우연히 들르게 된 대합면 십이리지의 다양한 모습

러나왔다. 음식 냄새가 마을 전체를 뒤덮고 있었다. 냄새가 코를 확 찔러서 당황하긴 했지만…… 즐거워하는 모습들이 좋았다. 내가 섞이기 어려운 이방인 신분이어서 조금 아쉽기는 했다. 우리나라 사람들은 뭔가 푸지게 먹어야 놀이가 되고 즐거움이 되고 만남이 되나 보다.

잔치하는 곳을 뒤로하고 내려오는데 아주 오래된 건물이 하나 보였다. 건물형식이나 형태가 일제강점기 주재소였던 것 같았다. 건물이 너무 헐었고 오래 방치되었다. 그래도 없는 것보다는 쓸쓸하지 않았다.

구 5번 국도 쪽으로 가려다보니 택시부가 있어서 번호를 하나 챙겼다. 공포의 5번 국도와 마주치거나 터널이라도 나오면 택시를 불러야지. 이젠 더 버틸 수가 없었다. 그러나 대합면에서 대구 쪽으로 이어지는 길은 의외로 넓은 들이 이어져서 편안했다. 실제는 갓길이 넓지

마을 위쪽 초등학교에서 마침 경로잔치가 열렸다(상). 대합면 십이리 초등학교에서 내려오는데 눈에 띈 오래된 건물. 일제강점기에 지어진 건물 같았다. 동그란 안경을 끼고 허리에는 긴 칼을 찬 일본 순사가 떠올랐다. 그런데 건물이 너무 헐었고 오래 방치되어서……(하)

대합면을 지나 이어지고 있는 구 5번 국도. 갓길은 넓지 않지만 지나가는 차들이 별로 없어서 한결 편안했다(좌). 멀리 농약을 치는 농부의 모습도 보였다. 진한 녹색은 보리밭이고 옅은 녹색은 파밭이다(우).

도 않았지만, 공포의 5번 국도를 경험한지 얼마 안 된 터라 편안하게 느껴졌던 것일까?

들판엔 보리들이 많이 자라 있었다. 한 달 전엔 키가 이렇게 크지 않았는데…… 이젠 제법 많이 컸다. 그래도 보리밭 사잇길의 정취를 가장 잘 느끼려면 5월 말은 되어야겠지. 4월의 들판에 서 보니 2, 3월의 막연한 그리움이나 기다림은 활기에 눌려 퇴색한 듯했다.

한쪽으로 보이는 특이한 색깔의 건물. 간판을 보니 토마토 와인 공장이었다. 막걸리공장은 누렇게 뜬 색깔로 만들어야겠네? 혼자 공연히 히죽여봤다. 비록 길에서 조금 떨어져 있기는 하지만 길과 함께 쭉 뻗어 이어지는 달창 저수지의 둑.

토마토 와인 공장. 와인 공장답게 예쁘게 단장되어 있었다. 그 앞 하천 둑에 늘어선 나무들은 벚꽃이 만개했을 때 더욱 아름다웠을 것이다. 짐작건대 토마토 와인의 색은 공장 외벽의 색과 일치할 것이다(좌). 대합면을 나와서 대구로 향하는 길. 터널을 지나가야 하거나 험하고 깊은 산세가 펼쳐질까 두려웠는데 의외로 넓은 들이 펼쳐져 있었다. 멀리 보이는 둑은 달창 저수지의 둑이다(우).

5번 국도는
현풍 외곽을 빗겨 지나간다

드디어 나타난 대구광역시 푯말. 이렇게 창녕군과도 안녕이다. 다시 공
포의 5번 국도! 다행히 얼마 가지 않아 달성군이 숨겨놓은 농로를 만났
다. 오른편의 야산 뒤로 고개를 들기 시작한 비슬산이 아득하게 펼쳐졌
다. 달성군 유가면을 지날 때까지 비슬산은 계속해서 따라왔다.
넓은 도로들이 교차하는 교차로가 나오고 현풍면 진입도로를 알리는
이정표의 출현. 이제부터 도심이 이어질 것이다. 이때는 무척 안도하여
서 더 무서운 국도가 기다리고 있을 줄은 꿈에도 몰랐다.

멀리 보이는 비슬산이 머리를 내밀고 있다. 앞에 있는 산에 가려진 머리가 하나 더 있다. 유가면에서
현풍 쪽으로 가면서.

유가면이 끝나는 곳으로부터 이어지는 대구 산업단지.

이른바 대구 테크노폴리스 지방 산업단지가 시작된다. 현풍면 뒤쪽으로 조성
작업이 계속되고 있었다. 현풍면 입구에 다다르니 공사장 출입구가 개방되어
있었다. 조성되고 있는 부지 멀리 비슬산이 잘 보였다.

현풍에서부터 고속도로와 5번 국도 둘 중 하나를 선택해 대구로 진입할 수 있다. 오른쪽에 보이는 벽체
가 대구 테크노폴리스 지방 산업단지 조성현장(좌). 현풍에 다 와서 대구 테크노폴리스 공사현장 쪽에서
바라본 비슬산. 멋있었는데 실제와는 너무 많이 다르다. 내 카메라와 나의 촬영 실력을 탓해야지(우).

5번 국도는 현풍 외곽을 빗겨 지나간다. 현풍3교 위에서 현풍을 바라보았다. 낙동강의 지류이면서 비슬산에 그 뿌리를 두고 있는 현풍천을 중심으로 현풍면은 그 양쪽에 자리 잡고 있었다. 지금까지 거쳐 온 군, 읍, 면들은 하천의 어느 한쪽으로 치우치게 되어 있었다. 하지만 이곳은 어느 한쪽으로 치우치지 않고 양쪽이 균형을 잘 잡고 있었다. 이곳 도로 가로수들도 전부 벗나무였다. 경상도 사람들은 정말 화끈하다. 모조리 다 벗나무라니!

낙동강 지류이면서 비슬산에 그 뿌리를 두고 있는 현풍천과 현풍면(상). 현풍면 외곽을 지나는 5번 국도상. 여기도 도롯가가 온통 벗꽃투성이다. 여기서 버스를 탈까 말까, 굉장히 고민했다(하).

버스정류장의 안내표시판을 들여다보니 약산온천이 아홉 정거장 남았다. 아침에 나오면서 약산온천쯤을 목표로 삼고 있었지만 5시간째 걷고 있는 현재로서는 피로를 풀어줄 뜨거운 물이 무엇보다 절실했다. 지나가는 버스의 유혹. 1,100원을 내면 20~30분 안에 그곳에 데려다 줄 텐데. 유혹이 너무 강했다. 그렇지만 아직 시간도 좀 있으니까. 길이 내게 안겨줄 것들을 꿈꾸며 계속 걷기로 했다. 그때 그냥 버스를 탈 것을. 나중에 크게 후회했다.

한적한 도심의 길이 계속 이어졌다. 서울에서 자라서 그런지 시골의 경치 좋은 길도 좋지만 도시의 길을 걸을 때 익숙하고 마음이 편한 것은 어쩔 수 없다. 70년대 서울의 약수동 길처럼 느껴졌다. 그러나 그런 편안한 마음도 고속도로와 교차하는 지점을 지나 달성산업단지 입구를 지나면서 사라져버

달성산업단지 입구에서 인도–차도 구분이 끝나고 다시 공포의 5번 국도가 모습을 드러냈다. 예쁜 모습으로 치장한 공포의 도로는 어쩐지 더 두려웠다(좌). 자동차 질주를 하면서 차창 밖으로 보이는 풍경을 담아보았다(우).

렸다. 여기서부터는 인도와 차도의 구분은 없어졌고 갓길만 있었다.

자동차들이 강한 바람으로 나의 등을 때리고 지나갔다. 그리고 한 번씩 (2~3분 간격으로) 신호에 맞추어서 갑자기 찾아오는 고요. 신호에 억눌려 있던 본능을 한꺼번에 토해내기라도 하는 듯한 질주. 강 쪽에서는 달성보 공사가 한창이었지만 길을 건너 자세히 볼 엄두가 나지 않았다. 그저 멀리서 보기만 할 뿐.

달성보 입구.

그런데 아무 안내표시가 없었다.

이제까지 내가 체크하고 온 것이 맞는다면 약산온천까지 두 세 정거장도 안 남았을 텐데. 또 다른 한편에서 불안한 마음이 슬슬 고개를 쳐들었다. 인터넷으로 보았을 때는 꽤 규모가 큰 온천인 것 같았는데…… 그때 나타난 약산온천관광호텔 표시판, 달성보 공사장 입구 옆에 있었다. 그리고 우측으로 들어가는 넓은 왕복 6차선 도로. 해는 이미 서쪽으로 많이 기울어져 있었고 과객은 물에 젖은 솜처럼 지쳐 있었으며 작은 성취감과 뜨거운 물에 대한 즐거운 상상에 빠져 있었다.

입구 쪽으로 들어갈수록 작은 불안감은 큰 불안감이 되고 그것은 다시 지금까지 도로에서 느꼈던 공포와는 또 다른 형태의 공포감을 주기 시작했다. 4월의 화창한 주말인데도 6차선의 넓은 도로가 텅비어 있었다. 사람 하나 없는 광활한 도로에서 나는 왠지 모를 불안감을 느꼈다. 뼈대 공사만 이루어지고 정지된 상태로 우뚝 서 있는 건물이 바로 약산온천관광호텔이었다.

해가 서서히 꺾여 갈 때쯤 천신만고 끝에 도착한 약산온천 입구. 주말인데도 텅 빈 도로가 무엇인지 모를 불안감을 느끼게 했다. 아니나 다를까. 온천은 지금 공사 중(상). 뼈대 공사만 이루어지고 정지된 상태로 우뚝 서 있는 건물이 바로 약산온천관광호텔이었다. 아! 탄성밖에 나오지 않았다(하).

아! 탄성이 새어 나왔다. 그 뒤로 조금 더 올라가 보았지만 작은 시골마을만 있을 뿐 온천의 흔적은 찾아볼 수 없었다. 마을 입구에 있는 작은 슈퍼에서 생수를 사면서 그곳에 계신 할머니에게 물어보았지만, 자세한 이야기는 없고 공사가 오래 걸릴 것이라는 말뿐이었다. 그렇다고 목욕 한 번 하자고 공사 끝나기를 기다릴 수도 없는 노릇 아닌가.

생수 한 통을 들고 공사현장 앞쪽의 제방으로 올라갔다. 나무에 기대어 아무렇게나 주저앉았다. 작은 목욕탕이나 여관이라도 있었으면 하루 자고 내일 대구 쪽으로 계속 가려고 했는데, 씻고 저녁 먹고 한잔 하고 푹 퍼졌다가 내일 대구를 관통해보자고 했는데, 아쉽군. 해가 꺾여 나무에 긴 그림자를 늘어뜨리고 일어서려는 나그네의 발목을 붙잡고 놓지 않으려 했다. 그렇게 멍하니 30분이나 지났을까? 일어서려고 하는데 안 쑤시는 곳이 없었다. 아까는 그래도 괜찮았는데 살살 움직여보니까 조금씩 나아지는 듯했다. 내려오면서도 자꾸 뼈대만 있는 호텔을 돌아보고 또 돌아보았다.

어린이날, 대구 도심을 거닐다

어린이날, 내겐 이제 기념일 그대로의 의미는 퇴색된 채 흔한 휴일쯤으로 여겨지고 있다. 본래 기념일의 취지를 충실히 즐겼던 때가 언제쯤이었는지, 무척 옛날로 느껴진다.

무너지는 다리를 마음으로 끌어안고 돌아섰던 달성군 약산온천 앞길. 자동차를 타고 지난번 걸었던 길을 더듬어 왔다. 2주 전 일이었는데 벌써 추억처럼 아련했다. 불과 2주 전 일이 추억이 되다니. 2주 전이든 2년 전이든 20년 전이든 모두 지나간 일 아니던가. 기억이라는 것이 순서대로 떠오르는 것만은 아니지 않은가? 어쩌면 산다는 것은 자꾸 과거로 무언가를 띄워 보내는 일이 아닐까. 인생이란 나름대로 의미있는 편린 몇 가지를 두서없이 가슴에 끌어안는 일, 앞으로 계속 걸어가는 일, 그러다 결국 언젠가는 영원한 망각과 종말을 맞이하겠지.

자동차를 타고 공포의 5번 국도에 올랐다. 나도 마구마구 밟아주었다. 아는 놈이 더하는 것 아닌가. 약산온천 앞길을 지나 주차할 곳을 찾으려 했으나 여의치 않았다. 사전조사에 따르면 군청이 얼마 안 남았으니 그곳에 가서 주차하기로 했다. 휴일이기도 하고 관공서니까 안심할 수 있으리라.

가는 도중 곳곳에 눈에 띄는 플래카드. '100년, 달성 꽃 피다.' 2014년에 달성군이 출범한 지 100년이 된다고 했다. 그래도 구호는 좀 바꾸었으면 좋겠다. '100만 시간 무재해 달성하자.' 얼마나 많이 보아왔는가. 이 공장 떼기는.

달성군 신청사. 금계산 산 아래 한적한 곳에 우뚝 솟아 있는 달성군청사. 깨끗이 정비된 입구도로와 말끔한 청사는 차를 주차하기에는 너무 외진 곳에 있었다. 조금 더 가보자. 주차할 곳을 찾으려고 5번 국도의 아래 차선을 엉금엉금 기었다. 가는 도중 곳곳에 눈에 띄는 플래카드들. '100년, 달성 꽃 피다' – 2014년이면 달성군이 출범한 지 100년이 된다고 했다. 그런데 어쩐지 플래카드 구호가 좀 식상하게 느껴졌다. 우리 주변에 무엇을 달성하자는 구

잘 다듬어진 군청 앞 도로. 휴일이라서 그런지 너무 한적했다. 좌측 산 아래 군청사가 희미하게 보인다(좌). 한적한 곳에 우뚝 솟아 있는 달성군청사(우).

호가 너무 흔하지 않은가? '100만 시간 무재해 달성' 등등.

군청 아래로 시가지가 형성되어 보였다. 엉성한 철제 펜스로 가려진 토목공사 현장의 간판을 자세히 보니 '대구 옥포 보금자리 주택지구 조성 사업'이라고 표시되어 있었다. 대구 테크노폴리스 지방 산업단지와 연관성이 있나? 혼자 추측해 보았다. 부수고 밀고 짓고, 이런 도로 주변은 전부 공단이 되고 아파트가 되고 상가가 되려나 보다. 무지막지하게 밀어붙이다가 일시에 스톱을 했던 두바이에서, 3년 만에 공사재개를 알리고 만들다 말았던 건설 기자재를 재발주하는 것을 보면 무엇이든 시작을 하면 끝장을 보기 마련인가 보다. 그런 믿음이 있으니까 이렇게 밀어붙이는 것이겠지.

곧 상가와 주택이 하나 둘 이어지더니 이내 상가지역으로 변했다. 주차할 곳은 마땅치 않았다. 식당 앞에 주차할 곳이 더러 있었지만 온종일 세워둘 것인데 영업 방해를 할 수는 없지 않은가. 조금 더 내려오는데 널찍한 주차장이 나타났다. 잘 꾸며진 주차장에 자리도 많았다. 무슨 학교나 관공서 같았는데 주차하고 나오는 길에 자세히 보니까 '대구 교도소'였다.

제일 먼저 눈에 띈 것은 '화원 온천'이라는 간판이었다. 그렇구나. 여기가 화원이었구나. 달성군은 농촌에서 도심까지 모두 아우르고 있구나. 계속 이

대구의 서쪽 외곽지역이라서 그런지 새로 분양하는 아파트들이 많았다. 하여간 아파트는 무지무지하게 짓는다(좌). 도심을 걷다 보면 등산복에 가까운 차림을 한 사람들과 종종 만나게 된다. 이날도 마찬가지였다. 어디 등산이라도 가는 걸까. 나처럼 그냥 5번 국도 따라 무작정 걷는 것은 아니겠지(우).

어지는 아파트단지 곳곳의 분양 현수막. 수년 전 금융위기 속에서도 용케 완공해서 분양 입주까지 진행하고 있는 것을 보면 참 대단하다는 생각도 든다.

　대구지하철이 시작되는 대곡역을 지나 수목원 사거리에 다다랐다. 여기서부터는 제법 대도시의 윤곽이 잡혀가기 시작했다. 웬만한 강심장이 아니고서는 사람들의 통행이 잦은 거리에서 조그만 카메라를 들이대기가 쉽지 않다. 버스정류장 칸막이를 등에 지고서야 카메라를 슬그머니 꺼낼 수 있었다.

대도시의 윤곽을 볼 수 있었던 수목원 사거리. 웬만한 강심장이 아니고서는 사람들의 통행이 잦은 거리에서 조그만 카메라를 들이대기가 쉽지 않다.(좌) 도심의 잘 다듬어진 길이었는데, 오가는 사람들이 있어서 주춤주춤하다가 카메라를 꺼내 들었다(우).

관문 시장이 있는 곳에서부터 거리는 난장으로 바뀌었다. 난장이 끝날 즈음 보이던 서부정류장(좌). 참 깨끗하게, 잘 정돈된 경북기계공고 입구. 맞다. 우리나라에는 자부심을 가지고 있는 기능 인력이 많이 필요하다(우).

수목원 사거리를 지나서 조금 더 나아가자 재래시장처럼 활기찬 거리가 나타났다. 버스 정류장 팻말에는 '달성 군청 앞'이라고 적혀 있었다. 그러니까 여기가 지금의 청사로 옮기기 전의 군청이었던 곳이구나. 군청이 이곳에 있었을 때는 군민들과 직접 부딪히면서 군정이 이루어졌을 법했지만 새 청사는 군민들 위에 우뚝 서서 군림하는 것 같은 느낌을 받았다.

5번 국도는 대구의 서쪽을 빗겨 북상한다. 이 구간에서는 두드러지는 건물은 없어도 가끔 보이는 시장과 정리된 상가는 오래된 도시의 면모를 갖추고 있는 듯했다. 관문 시장이 있는 곳에서부터 거리는 난장으로 바뀌었고, 그것이 끝날 즈음 서부정류장이 눈에 들어왔다. 서부정류장, 북부정류장, 서대구 터미널. 대구는 시외버스나 고속버스 등의 기착지 체계가 참 복잡하다.

두류공원
어디선가 들려오는
비명의 합창

서부정류장 앞(대구 지하철 성당못역)의 복잡한 교차로에서 5번 국
도를 따라가자 대구타워(지금은 우방타워. 이것도 곧 바뀔지 모르겠다.
회사가 어려워서.)가 보였다. 공원을 끼고 있는 길이라서 그런지 가
로수가 좋아서 즐거운 마음으로 걸을 수 있었다. 그동안 줄곧 도로
의 오른편으로만 걸어오다가 왼편에 있던 두류공원 쪽으로 길을
건넜다. 여기부터는 왼편으로 걷기로 했다.

서부정류장 앞(대구 지하철 성당못역)의 복잡한 교차로에서 5번
국도를 따라가자 대구타워(지금은 우방타워)가 보였다. '단속
중' 노란 간판이 눈에 거슬린다.

눈에 띄는 두류공원 남쪽 입구 옆에 있는 성당 못. 연못 안쪽에 들어와 있는 정자 – 정자라기보다는 규모 면에서 누각이라고 해야 맞겠지만 – 뒤쪽에 대구 문화예술회관의 팔공 홀 지붕이 보였다. 연못의 누각과 현대적 구성을 한 팔공 홀의 지붕이 신 – 구의 조화로 한껏 멋을 부리고 있다는 인상을 받았지만, 이것이나 그것이나 인공구조의 인위적 배치라는 것은 어쩔 수 없다는 생각이 들었다. 역시 이곳에도 누각을 짓지 않고는 배길 수 없었나 싶었다.

어디나 마찬가지겠지만 어린이날을 맞은 이곳은 어린이들을 동반한 가족들로 붐볐다. 내 어린 시절의 어린이날, 그때에도 어린이날이 있었음이 분명한데 뚜렷하게 기억에 남은 일은 없었다. 우리 아이들이 어렸을 적 맞이했던 어린이날의 기억도 그랬다. 운동장을 가득 메운 어린이들을 보며, 다음에 우리 아이를 만나면 너희는 어린이날에 대해서 어떤 기억을 가지고 있는지 물어봐야겠다고 생각했다.

두류공원 입구의 성당 못. 연못 안쪽에 들어와 있는 정자(누각). 누각 뒤쪽에 대구 문화예술회관의 팔공 홀 지붕이 보였다. 역시 이곳에도 누각을 짓지 않고는 배길 수 없었나 보다. 연못만 보면 누각을 만들어야 직성이…… Mother Mary comes to me, Speaking words of wisdom, Let it be(좌). (성당 못 옆에 있는) 운동장에는 자전거, 스케이트를 타는 아이들과 어른들로 가득했다. 사진으로 찍어 놓으니까 군데군데 여유가 많이 보인다(우).

어린이날이라 그런지 두류공원에는 소풍 나온 가족들이 많았다.

두류공원 동쪽 모퉁이에 이정표가 있었다. 여기까지 계속 직진만 해오던 5번 국도는 이곳에서 두류공원을 끼고 처음으로 좌회전을 한다. 동쪽으로 처진 듯하던 5번 국도의 본격적인 북상이었다.

우방랜드 놀이공원과 차도를 사이에 두고 마주하는 두류공원은 숲과 보도가 잘 가꾸어져 있었다. 이 공원은 대구 서부에 사는 시민의 좋은 휴식처가

지금까지 계속 똑바로만 가던 5번 국도는 이곳에서 두류공원을 끼고 처음으로 왼편으로 꺾는다(좌).
두류공원을 따라 잘 가꾸어진 보도. 차도 맞은편에 우방랜드가 있다(우).

두류공원에서 나무 너머로 보이던 우방랜드의
청룡열차. 뭐 이름은 다르겠지만 그 내용이야
같겠지. 비명에 놀라서 올려다보았다.

되어왔으리라. 어린이날이라서 그런지 숲 속
여기저기에 소풍 나온 가족들이 많았다.

　어디선가 들려오는 다급한 비명의 합창. 비
명도 합창으로 들으면 즐거움이 될 수도 있겠
다. 두류공원에서 나무 너머로 보이는 우방랜
드의 청룡열차. 뭐 이름은 다르겠지만 그 내
용이야 같겠지. 벤치에 앉아서 비명의 합창을
여러 번 들었다. 우방랜드 입구 쪽으로 가던
도중 나타난 이정표. 어? 언제 26번 국도와
헤어졌지? 홀수는 종이고 짝수는 횡인데, 언
제까지 같이 갈 수 있겠어. 섭섭했지만 이내 그러려니 생각했다.

　우방랜드 입구가 보였다. 여기에서부터 두류공원과 우방랜드의 숲으로 둘
러싸여서 만끽했던 녹색의 흥분은 끝이 나고 회색으로 점철된 아스팔트와 콘
크리트 숲이 시작되었다.

두류산에 있다고 두류공원이란 이름이 붙었다고 한다.

두류라는 말은 산의 형상이 사람의 머리와 머리카락을 땋아내린 모양을 하고
있다는 데서 유래되었다고 한다. 또 다른 가설에 따르면 산이 둥글게 펼쳐져
있다 하여 두리산으로 불리던 것을 1930년에 원산이라고 표기하고 뒤에 두
류산으로 지칭했다고 한다.

　두류역 지하도로에서 또 헷갈렸다. 분명히 방향을 잡고 들어갔는데 엉뚱한
방향으로 나왔다. 크노소스궁전의 미노타우르스를 가두기 위한 미로가 따로
없었다. 몇 번 헤매다가 신호등을 이용하기로 했다.

　난 역시 아날로그 세대였다. 그러니 이 좋은 봄날 길바닥을 헤매며 즐거워

우방랜드 입구 쪽으로 가는 중 나타난 이정표(좌). 우방랜드 입구. 참 이상도 하지. 사람들이 많았던 것 같은데 사진을 찍어놓고 나면 한산하다(우).

하고 있지 않은가. 대구의 중심부를 피해 서쪽으로 빗겨가는 도로라서 그런지 그렇게 큰 건물은 없었다. 깨끗하고 가지런한 상가 건물들이 이어졌다. 해가 서서히 기울었다. 차지도 덥지도 않은 바람이 계속 불었다.

평리 지하차도. 멀리서 볼 때는 자동차 전용차로인 것 같아서 깜짝 놀랐다. 가까이 다가가니 다행스럽게도 도로가 인도와 구분되어 있었다. 인도 곁으로는 대구역으로 가는 철로가 있었다. 이내 달서천을 가로 지나는 평리교. 이곳 아래쪽으로 염색공단이 펼쳐져 있었다. 이곳을 지나가다가 의외의 장소를 만났다. 북부시외버스 공용주차장! 이곳은 마치 40년 전의 모습 그대로인 것 같았다. 터미널 안도 밖에서 봤을 때와 다를 바

평리 지하차도를 건너고 달서천 위에 있는 평리교를 지났다. 또 다른 대구의 모습을 보여준다(상). 북부시외버스 공용정류장 전경 모습. 적어도 40년은 거슬러 올라간 것 같다(하).

북부 시외버스 정류장 주변 모습(상좌). 북부 정류장 입구 도로(상우). 북부정류장 우측(하)

없었다. 정복을 입은 경찰이 왔다 갔다 하기도 하고, 벽에 붙어 있는 소매치기 경고문도 그렇고, 하여간 별세계였다. 근처에 염색공단이 있어서 외국인도 많은 것 같았다. 페인트로 외관이 뒤덮인 상가도 유별나 보였다. 이런 곳이 대구에 남아 있다니, 얼마 전 다녀온 적이 있는 장충고등학교와 신당동이 생각났다.

평리 지하차도를 지나자 대구의 새 모습이 나타났다.

작은 건물들이 끊임없이 이어져 있었으며 사람 통행도 적었다. 이제 다시 한

달서천 평리교에서 바라본 염색공단.

번 좌회전. 26번 국도와 헤어졌던 우리의 5번 국도는 이제 25번 국도와 만났다. 5번 국도는 대구의 서쪽을 뚫고 북상하려 하고 있었다. 아직 날은 밝았지만 도심을 뚫고 온 과객은 탁한 공기 때문에 지치고 피곤해…… 어디 가서 잠이라도 푸지게 잤으면 싶었다. 차갑지도 덥지도 않은 바람이 많이 불었다.

평리지하차도를 지나니 아주 오래전의 도시 같았다(좌). 이제 또다시 좌회전. 25번 국도와 만났다. 이제 5번 국도는 대구의 서쪽을 뚫고 북상하려 하고 있었다(우).

칠곡향교를 지나 팔거천을 따라
동영면에 도달하다

주로 주말을 활용하다 보니 날씨가 좋아질수록 교통체증이 늘고 있다. 꽉 막힌 도로에서 시간을 버리고 있자니 답답했다. 시간은 자동차 안에서 다 보내고 정작 보아야 할 것들은 건성으로 둘러보아선 안 될 터인데, 5월이 지나면 행사 같은 것도 많이 줄어들겠지. 앞으로는 1박 2일이나 2박 3일로 일정을 잡아야겠다. 가능할진 모르겠지만.

다시 5번 국도. 다만 하나의 몸짓에 지나지

않았던 것이 내가 이름을 불러주자 내게로 와 꽃이 되었다는 김춘수의 시처럼, 나한테 있어 5번 국도는 한낱 도로에 지나지 않았다. 하지만 이렇게 자주 드나들다 보니 이젠 내게로 와 하나의 큰 의미가 되어버렸다. 그 거리에 있는 가로수, 상점들 하나하나, 노랗고 하얀 차선, 눈에 거슬리는 전선주와 전선들조차도 그곳에 꼭 존재해야 할 어떤 무엇인가가 되어 버렸다.

만평 사거리에서 합류한 4번 국도.

금호강을 가로지르는 팔달교를 건넜고 팔거천을
건너는 태전교를 지났다. 4번 국도는 서쪽을, 5번
국도는 북쪽을 향했다. 칠곡 중앙대로를 따르는 곧
은길로 신도시다운 면모를 가지고 있었다. 얼마 전
택시기사가 칠곡에는 가 보았느냐고 물은 적이 있
었다. 잘 정비된 이곳이 조금은 자랑스러웠나 보
다. 얼마 지나지 않아 칠곡향교의 안내판이 나왔

칠곡향교 안내판. 멀리서 볼 때는 그곳을
따라 한참 들어가야 하는 줄 알았다.

맞은편에서 건너다본 칠곡향교*의 모습. 오전에만 개방하는 모양이다. 오후여서 그런지 닫혀 있었다.
칠곡향교 문화재 자료 제6호이며 정확한 소재지는 대구시 북구 읍내동 600번지이다. 1642년에 창건
하였고 유가의 5성위, 송조 10철, 조선 18현을 봉헌하여 전학 후묘의 향교배치 중 가장 일반적인 배
치를 하고 있으며 앞쪽에 명륜당을 뒤쪽에 대성전을 두었다. 대성전은 박공지붕의 익공계 건물로 1고
주, 5량 구조이며 전퇴가 개방되어 전례에 편리하도록 하였다. 1907년에 중수하였다는 대성전 현판
의 기록과 건물의 구조양식으로 미루어 20세기 초에 중건된 것으로 보인다.

다. 멀리서 볼 때는 그곳을 따라 한참을 가야 하는 줄 알았는데 가까이서 살펴보니 맞은편에서도 전면이 다 보였다. 오전에만 개방하는 것 같았다.

특징 없는 건물들이 이어졌다. 가로수들이 휜칠했고 길도 잘 정비되어 있어서 걷기에는 참 좋았다. 사진이라고는 찍는 것이 전부 이정표 아니면 도로라니. 참 멋대가리가 없다. 그러나 어쩌겠나. 애초에 길을 따라가기로 한 것을.

80년대 중반인가 서울에 근무할 때였다. 사무실이 남산 독일대사관 옆이었다. 그때는 승용차가 흔치 않을 때라 대부분 버스를 탔다. 남산 쪽으로 가는 버스는 드물었다. 아래쪽으로 해방촌 쪽에서 내려 걸어오거나 삼성본관 앞에서 갈아타야 했다. 오월의 어느 날엔가 남산 길을 걸은 적이 있었다. 잘은 기억이 안 나지만 일 때문에 외출에서 돌아오는 길이었을 것이다. 바람이 많이 불었고 그 바람에 플라타너스의 씨가 눈송이처럼 날리고 있었다. 공기는 아카시아 꽃향기로 가득했고 햇살은 맑게 비추고 있었다. 그때 떠오른 시상. 아직도 기억하고 있다.

5월의 남산

눈이 내린다.

이렇게 도입해놓고 지금까지 진전이 없다. 평생 미완성으로 남을지 모른다는 생각이 들기도 한다. 그리고 보니 요즈음은 아카시아 꽃향기를 쉽게 접하지 못하는 것 같다. 아직도 산을 보면 여기저기 흔하게 보이는 것이 아카시아 나무인데 유사한 변종도 많이 생겼나 보다. 얼핏 보면 아카시아인데 자세히 보면 아닌 것도 많다.

도로 주변의 경관이 서서히 대도시를 벗어나는 추임새를 보이기 시작했다. 이제는 보면 다 알 정도는 되었다. 단조로운 도심을 벗어나게 되었다는 기대감도 있었지만, 불쑥 공포의 5번 국도가 나타날지도 모른다는 불안감도 슬쩍 고개를 들었다.

차도와 인도가 잘 구분된 길. 우측에는 금호강 지류인 팔거천이 따랐다. 여기서 우측을 보면 겹겹이 산들이 보이고 이산들이 도덕산, 팔공산, 가산이라고 했다. 건널목을 몇 개 지나자 잘 다듬어진 인도가 나왔다. 대구와 경북의 경계를 이루는 곳의 마지막 도로였다. 대구를 벗어나니 섭섭한 느낌이 들었다. 인위적으로 선을 그어놓고 대구, 경북하는 것이지만 그래도 일단 무슨 규칙이든 받아들이고 나면 전혀 다른 의미가 된다.

5번 국도의 주변. 슬슬 대도시를 벗어나는 추임새를 보이기 시작했다.

금호강 지류인 팔거천 변에서 바라본 풍경. 솔직히 어느 산이 어느 산인지는 잘 모르겠다.
인도와 차도 구분이 끝났나 하고 생각할 때 나타난 잘 가꾼 인도. 이 인도가 끝나는 곳에 검문소가
있다. 그 검문소가 대구와 경북의 경계선이 된다.

대구시와 경북의 경계지점. 대구에서 며칠 걸렸지? 경계를 긋기 어렵지만 섭섭했다. 만나고 헤어지는 것이 인지상정이라고 하지 않나. 앞으로도 대구를 많이 드나들겠지만, 여행 목적으로 오는 것은 흔치 않을 것이다.

대구를 벗어나자 금세 풍경들이 바뀌었다. 칠곡군 동면으로 이어지는 대도시의 외곽 길에는 자동차 정비업소, 중고 자동차 판매소, 타이어 판매점이 있었다. 이 길의 명칭은 '경북대로'였다. 여러 중고 자동차 판매소에 늘어서 있는 자동차들. 저 차들이 다 팔리긴 할까? 의문이 들었다.

이윽고 동영면 입구에 도달했다. 본래 입구는 작았지만 조금 더 가서 마주치는 동영면 사거리는 널찍한 광장 같았다. 예쁜 옹기를 파는 옹기집도 있었고 화원도 많았다. 이 사거리에서 우측으로 가면 한티재로 가게 되고 팔공산 순환도로와 이어지며 송림사, 한티성지 등이 있다고 했다. 한티성지는 천주교 신자들이 모여 살던 곳으로 조선말 많은 신자들이 순교한 곳이다.

사거리를 건너서 조금 더 가자 인도와 차도의

칠곡군 동영면으로 이어지는 대도시의 변두리길. 자동차 정비업소, 중고 자동차 판매소, 타이어 판매점. 이 길을 '경북대로'라고 부른다.

구분이 없어졌다. 군위 삼존불로해서 군위까지 갈 것이면 도보로는 불가능했다. 물어서 찾아간 동명면 안쪽에 있는 택시부에서 택시를 탔다. 걷는 것보다 빠르긴 하지만 뭔가를 놓치고 있다는 생각이 들었다. 다음부턴 좀 힘들고 위험해도 걸어 다니자. 아니면 시외버스를 타고 가던가.

동명면 입구(좌). 동명면 네거리 직전 옹기집. 사람들이 쳐다봐서 얼른 찍었다(우).

한밤마을에서
팔공산 돌부처로 향하는 길

홀쩍홀쩍 지났다. 대구시 시립공동묘지도 지났고 다부리도 스쳤다. 그래도 가산면에서 잠시 섰다. 이곳에서 25번 국도, 67번 국도가 분리 교차한다. 상행 방향에서 좌측으로 산 하나 넘으면 구미시다. 효령면 삼거리에서 우측으로 919번 지방도로를 따라가다가 부계면 삼거리에서 다시 908번 지방도로를 따라 우회전. 나름대로 전원의 한적함을 주는 도로였지만 도로가 좁고 너무 위험했다. 어차피 택시를 타고 갔으니까 핑계대는 것 같기도 하다.

동명면네거리. 사진 참 못 찍었다. 여기저기 땜질한 추한 바닥만 실컷 찍었구나. 언젠가 시간나면 다시 한 번 찍어야겠다(좌). 가산면. 이곳에서 25번 국도, 67번 국도가 분리·교차하며 좌측으로 산 하나 넘으면 구미시다(우).

제1석굴암이라고 하는 석굴 삼존불이 있는 팔공산 기슭으로 가기 위해 효령면 삼거리에서 우측으로 919지방도로를 따라가다 만난 부계면 삼거리. 여기서 908지방도로로 가야 한다. 여기까지도 그렇고 석굴까지도 그렇고 걸어서 갈 길은 아니었다(좌). 부계면을 지나 석굴 쪽으로 가면서 보이는 팔공산 줄기. 공장이나 건물이 없어서 좋았는데 철제펜스는 피할 수 없었다(우).

부계면을 지나 제2석굴 가는 길에 팔공산이 보였다.

예기치 않게 나타난 한밤마을. 입구조형물은 나름대로 어떤 의미를 담고 있는 것처럼 보였지만…… 돌담이 예쁜 소박한 마을의 입구로서는 굉장히 그로 테스크했다. 밤에 보면 좀 무섭겠다 싶었다. 큰 밤이 많이 난다고 해서 마을 이름이 한밤인가? 궁금했다. 알고 보니 깊은 산골이라는 의미에 구어체 변형 이 일어나서 그렇게 되었다고 했다.

　인터넷에 '군위 한밤마을'을 입력하면 멋진 사진들이 넘쳐난다. 골목골목 돌담들을 예쁘게도 찍었다. 반면, 내가 직접 찍은 것은 기이한 조형물뿐이다. 과객의 눈에는 이런 것만 눈에 띄나 보다.

　제2석굴암 입구에 다다랐다. 식당과 토산품가게가 가득했다. '금강산도 식후경'이라는 속담 때문인지 절을 가나 명승지를 가나 식당부터 생기는 것 같다. 길을 들어서면서 나는 또 샤갈을 만났다. 이 찻집의 주인은 왜 이름을

제2석굴암 쪽으로 오르기 전 예기치 않게 나타난 한밤마을 입구. 입구 조형물은 나중에 만들었겠지만, 마을의 돌담길은 유명하다고 한다. 인터넷에 '군위 한밤마을'을 입력하면 잘 찍은 성이 있는 사진들이 넘쳐난다. 한 장 카피라도 실어보려고 했으나 그럴 염치도 없고 내가 찍은 입구 사진만 실었다. 노란 글씨로 한밤이라고 쓰여 있다.

샤갈이라 지었을까? 들어가 묻고 싶었다. 허기를 채운 후 다시 석굴암 구경에 나섰다. 출입이 통제되어 있었지만 석굴암 삼존불을 최대한 가까이 가서 관찰했다. 팔공산 석굴암 안내문에 나온 이야기는 다음과 같다.

팔공산 석굴암 신라 제19대 눌지왕 때 아도화상께서 수도 전법 하시던 곳으로 화상께서 처음으로 절을 짓고 그 후 원효대사께서 절벽동굴에 아미타삼존(아미타불, 관세음보살, 대세지보살)을 조성 봉안하였다. 이곳 석굴암은 7세기경에 조성된 것으로 경주 석굴암보다 약 1세기 정도 앞선 선행양식으로 토함산 석굴암 조성이 모태가 되었다. 옛날에는 석굴암을 비롯한 이 고을에 8만 9개의 암자가 있었다고 전해

오고 있으나 임진왜란 당시 거의 소실되고 망각의 세월 속에 묻혀오
던 중 1927년경 한밤마을 최두환 씨에 의해 삼존 석굴이 다시 발견
되었고 1962년 정부로부터 국보 109호로 지정되었다. 현존하는 사
찰건물에서는 1985년 12월 조계종 법등 스님이 제3대 주지로 부임
하여 10년간 중창 대작불사를 발원하여 도량을 일신하였다.

석굴암 삼존불을 최대한 가까이 가서 찍은 모습. 바로 앞 출입이 통제되어 있었다(상). 출입이 통제
되어 가까이 접근할 수 없어서 다른 분이 찍은 사진을 좀 빌렸다(하).

아미타여래 불상에 눈길이 머물렀다. 이 불상을 조각하신 분은 처음에 부처님의 머리쪽에서 너무 의욕적으로 제작하다가 아래쪽에서 균형을 놓쳐버린 것 같다. 그런 잘못을 뒤늦게 깨닫고는 보살들을 제작할 때는 자체적인 균형에 몰입한 나머지 이번에는 삼존불 전체의 조화를 깨버렸다. 같이 제작된 것이 아니라 보살들의 조각상은 다른 곳에서 가져다 놓은 것이 아닐까 하는 생각이 들었다. 잠시 아미타여래 불상에 대한 조사를 해보았다.

* **아미타여래(불)** 과거 법장이라는 보살이었는데 오랜 수행의 결과 10겁 전에 부처가 되어 극락세계에 살고 있음. 중생들에게 염불을 통한 정토왕생의 길을 제시하여 주고 있음. 보통 사찰의 극락전, 무량수전, 아미타전에 봉안되며 협시보살은 우협시에 관음보살, 좌협시로는 대세지보살, 아미타여래의 수인은 아미타 정인이나 설법인, 항마촉지인을 주로 취한다.

* **비로자나불** 어떤 실체를 가진 분이라기보다는 진리 그 자체를 부처님으로 형상화한 이름(밀교의 대일여래도 같은 말임)

* **비로자나불, 아미타불, 미륵불**
  * 진리는 항상 세상에 존재하는 것이다(비로자나불)
  * 이러한 진리를 깨우쳐 자신의 원에 따라 세상을 건설한 분이 계시다(아미타불)
  * 미래에 오셔서 용화수 아래서 수행하고 깨달음을 얻게 되는데 미래에도 부처님은 계시다(미륵불)

* **석가여래** 불교의 창시자인 석가모니 부처님을 형상화한 것. 우리나라의 석가불은 입상일 경우에는 시무외인, 여원인외 수인을 하고 좌상은 선정인의 자세에서 오른손을 살짝 내려 항마촉지인을 취하는 것이 일반적이다. '협시

보살로'는 문수보살과 보현보살이 좌우에 있으나 간혹 관음보살과 미륵보살이 나타나기도 한다.

- **문수보살** 석가가 죽은 후 인도에서 태어나 '반야'의 도리를 선양하였다고 하며 반야 지혜의 권화로 표현이 되기도 함. 반야경을 결집, 편찬한 보살로도 알려졌음. 석가모니불의 교화를 돕기 위해 일시적 권현으로서 보살의 자리에 있는 것이며 사람들의 지혜의 좌표이기도 하다.

- **보현보살** 문수보살이 여래의 왼편에서 부처들의 지덕체를 말하고 있으며 보현보살은 오른쪽에서 이덕, 정덕, 행덕을 맡고 있다. 또한, 중생의 목숨을 길게 하는 덕을 지녔으므로 보현연명보살, 줄여서 연명보살이라고도 한다.

- **대세지보살** 서방 극락세계에 있는 지혜와 광명이 으뜸인 보살. 지혜의 빛으로 널리 중생을 비추어 삼도를 떠나 무상한 힘을 얻게 하고 발을 디디면 삼천세계와 마군을 항복시키는 큰 위세가 있다고 함. 그 형상은 정수리에 보병을 이고, 천관을 썼으며 염불하는 수행자를 맞을 때는 항상 합장하는 모습이다.

- **관음보살** 대자대비의 마음으로 중생을 구제하고 제도하는 보살 세상을 구제하는 보살, 중생에게 두려움 없는 마음을 베푸는 이, 크게 중생을 연민하는 마음으로 이익이 되게 하는 보살로서 그 형상은 머리에 보관을 쓰고 있으며 손에는 버드나뭇가지, 또는 연꽃을 들고 있고, 다른 손에는 정병을 들고 있다. 관세음보살은 단독으로도 조성되지만 아미타불의 협시보살로도 나타나기도 하며 수월관음보살, 백의 관음보살, 십일면 관음보살, 천수관음보살 등으로 조성되는 것이 일반적임.

아미타 구품인
아미타불이 중생의 신앙심이
나 성품의 깊이에 따라 9등급
으로 나누어 교화하여 구제한
다는 뜻이다.

시무외인 · 여원인
어떠한 두려움도 없애주고 어
떤 소원도 다 들어준다는 뜻으
로 모든 부처가 취할 수 있다.

지권인
비로자나불이 짓는 손갖춤으
로 이치와 지혜, 중생과 부처,
미혹함과 깨달음은 본래 하나
라는 뜻이다.

선정인
참선할 때 짓는 손갖춤으로 모
든 부처가 취할 수 있다.

항마촉지인
석가모니불이 온갖 번뇌를 물
리치고 도를 깨닫는 순간에 짓
던 손갖춤이다.

전법륜인
진리의 수레바퀴를 굴린다는
뜻으로, 석가모니가 불교의 진
리를 전도할 때의 손갖춤이다.

　　한번 비로자나불의 뜻을 음미해 보았다. 진리는 항상 세상에 존재하는 것
이다. 전법륜인의 손동작을 한 번 취해 보았다. 진리의 수레바퀴를 굴려본 것
이다. 그리고 오랜 수행 끝에 10겁 전 부처가 되어 극락세계에 살고 있다는
아미타여래 불상을 바라보았다. 그가 염불을 통해 제시했던 정토왕생의
길……. 내게도 열릴 것인가, 순간 찬 바람이 스쳐 지나갔다.

군위 석굴암 주변 안내도.

석굴 앞의 비로전.

주변에 있는 군위 석굴암 안내도를 살펴보았다. 안내도

는 축약이 아니라서 다른 건물에 비해 석굴암은 훨씬 작다.

석굴 앞에 있는 비로전이나 뒤쪽의 광명선원, 조금 떨어져 있는 웅장한 팔
공산 전통문화교육원이 석굴의 삼존불과 무슨 연관이 있는지 궁금했다. 순간
'많이 떨어져 있었으면 좋았겠다'는 생각이 들었다.

숲 속 사이로 보이는 팔공산 전통문화교육원. 가까이 가보면 빛바랜 페인트칠이 벗겨진 곳도 있었지만 웅장했다. 이 문화원을 왜 하필 여기에 세웠을까? 석굴 속의 소박한 부처님은 웅장하고 화사한 건물들에 즐거우셨을까? 스스로 초라함을 느끼지는 않으셨을까?

석굴 앞에 있는 것은 누가 만들었을까. 무슨 모전석탑이라고 했는데 그건 아니고 적석탑이라 해야 할 것 같았다. 다른 곳에 있는 것을 본뜬 것일까?

인터넷에 보니까 무슨 모전석탑이라고 했는데 모전이라기보다 그냥 적석탑 아닌가? 있어야 할 곳에 있는 것 같지가 않아 영 마음이 불편했다. 다리를 건너와서 다시 석굴 쪽을 바라보았다. 작고 소박했다. 다리를 건너와서 바라본 석굴암, 비로전의 파란 지붕이 살짝 보인다.

나오는 길에 다리 위에서 석굴 옆의 계곡을 내려다보았다. 상류 쪽에 무슨 공사를 하는지 물이 탁했다. 바라보는 내 마음도 그리 맑지는 않았다.

다시 석굴암에서 나와 한터재로 조금

팔공산 전통문화교육원(상). 모전석탑(중).
다리를 건너와서 바라본 석굴암(하).

다리 위에서 본 석굴 옆의 계곡(좌). 석굴암에서 나와 한터재로 조금 올라가 내려다 본 전경 좌측 멀리 석굴암이 있는 곳이 보인다(우).

올라가 보았다. 오르막 어디쯤에서 아래를 굽어보니 좌측 멀리 석굴암이 있는 곳이 보인다. 바위와 돌로 덮인 가운데가 비어 있다. 공혈空穴이다.

오던 길로 되돌아가서 5번 국도로 다시 올라왔다. 이정표를 보니 군위가 얼마 남지 않은 것 같았다.

군위군에 들어서면 제일 먼저 군위군 보건소를 만나게 된다. 현대식으로 잘 지어 놨다. 맞은편에는 팔각정과 석탑이 있다. 이곳에 절터가 있었나? 탑은 그곳에 부처가 계심을 알리는 징표인데.

대구를 빠져나온 지 얼마 안 되어서였을까? 군위군 도로 주변은 아담하고 소박해 보였다. 이 도로 끝에서 다시 의성으로 향하는 신 5번 국도와 만났다.

군위가 얼마 남지 않았음을 알리는 이정표(상). 군위군 소재지의 입구(중). 군위군 중심을 지나는 구 5번 국도 주변(하).

창원 중앙역에서 의성, 우곡서원으로 5월이 지다

5월 중하순. 창원 중앙역에 도착했다. 열차를 타고 비음산 터널과 김해의 넓은 들판을 가로질렀다. 밀양역에서 잠시 정차하고도 한 시간이 채 안 걸려 동대구역에 도착했다. 오늘의 1차 목표는 군위를 지나 의성에 도착하는 것.

5번 국도는 마산-창녕-서대구-칠곡-군위에서 의성-안동-영주로 이어진다. 하지만 마산-의성 사이에는 고속버스는 물론 기차와 시외버스조차 없다. 다만 마산-안동의 시외버스가 대략 2시간에 한 편 있는 정도였다. 어떤 분이 도로 관련 정보를 정리하면서 강원도 철원에서 대구까지는 관광을 위한 도로의 성격이 강하고 대구에서 마산까지는 산업도로라고 했던 것이 기억났다.

주말을 맞은 동대구역은 사람들로 붐볐다. 택시를 타고 북부정류장까지 간 다음 의성으로 가는 직행버스에 올랐다. 버스는 평리지하차도를 거쳐 서대구 IC를 향했다. 지난 번에 봤던 염색공단을 스쳤다. 지난 번에는 멀어서 잘 몰랐는데 가까이서 보니까 특이한 그림이 굴뚝 전체에 그려져 있었다. 염색공단 옆이라 신경 좀 썼나 보다. 네덜란드의 화가 피에트 몬드리안(1872–1944)이 떠올랐다. 마티스처럼 야수파적인 색상 선택과 피카소의 입체파적 감각을 의식하면서 창조한 추상세계. 굴뚝에 그려진 그림은 서대구 염색공단의 부기우기인지도 모른다.

버스는 서대구 IC를 지나 중앙고속도로에 올라탔다. 버스를 타고 다니니까 주변경관도 잘 보이고 간단한 메모도 할 수 있어 좋았다. 차창 밖을 내려다보니 소형 승용차 안이 들여다보였다. 운전하는 삼십대 여자와 뒷좌석에 5~6세로 보이는 남매, 우리 애들이 어렸을 때가 생각났다. 뒷좌석에는 자리

주말을 맞은 동대구역은 붐볐다. 또 이상한 현상. 분명히 사람이 많았던 것 같은데 사진을 찍고 나서 보면 한산한 느낌마저 든다. 사진을 찍을 때 사람들이 없는 순간을 포착했기 때문이리라. 아무 관계도 없는 이들을 찍어댈 수는 없으니까.

의성 버스정류소.

싸움하면서 이리저리 움직이는 아들들, 옆자리에서는 차만 타면 무조건 조는 아내가 있었다. 그러고 보니 저 차는 조수석이 비었다. 친정에 일이 있어 서 방님은 내버려두고 아이들만 데리고 가는 길일까?

한 시간이 안 되어서 의성 버스정류소에 도착했다. 이

버스정류장은 의성군의 북쪽 외곽에 있었다. 그대로 북쪽을 향하기로 했다.

의성군 버스정류장에서 북쪽을 향하자 이내 한적한 길이 나왔다. 안동까지 는 30km 내외는 될 것인데 시간은 벌써 오후 한 시를 넘고 있었다. 농번기 인지라 논이나 밭에 일하는 분들이 많이 있었고 아직 행락철은 이른 편이라 도로는 한가했다.

경북대로 옆으로 이어지는 구 5번 국도. 나무가 우거진 것을 보니 새삼 여 름이 다가온다는 것을 느낄 수 있었다. 갓길이 너무 좁아서 차들이 옆을 스치 고 지나갈 때마다 조금 불안했다.

아카시아꽃이 바람에 날려 눈처럼 쏟아졌다. 올해의 마지막 아카시아 꽃향 기가 코를 파고들었다. 요즈음에도 활동이 왕성한 가수 인순이가 희자매 시

의성군 버스정류장에서 북쪽으로 향한 길(좌). 의성군 소재지를 벗어나기 전의 북부길. 논밭의 작물들은 사람의 손길을 기다리고 있었다(우).

절 내가 근무하던 군부대로 위문공연을 온 적이 있었다. 그때 희자매가 불렀던 노랫가사가 봄만 되면 자꾸 떠오른다. '실버들을 천만사 늘여놓고도 가는 봄을 잡지도 못한단 말인가?'

이상한 게, 항상 길 이쪽 편보다 길 건너편에 휴게소나 버스정류장이 많은 것처럼 느껴진다. 기분 탓이겠지? 금성휴게소가 맞은편에 나타났다. 한산하긴 하였지만 외관이 무척 깔끔했다.

우두교 다리 밑 통로를 지나자 한 마을이 나타났다. 오국화 선생 묘가 소머리같이 생겼다고 해서 그 동네이름이 우두리가 되었다고 한다. 그래서 그런지 우두를 명칭 앞에 붙인 것이 제법 많았다. 우두교도 마찬가지였다. 옛말에 다리 밑을 두고 거지들이 모이는 곳이라고 했다. 여름에는 바람이 통과

가로수가 우거지고 차량통행이 적으며 바람도 무척 시원했던 구 5번 국도(상). 가는 봄을 아쉬워하기라도 하듯이 아카시아 꽃향기가 코를 파고들었다(하).

신 5번 국도가 생기기 전에는 제법 많은 차량이 드나들었을 것으로 생각되는 금성휴게소(좌). 재랫고개를 넘기 시작할 무렵에 나타난 우두교 다리 밑(우).

하여 시원하고 겨울에는 바람을 막아주어 따뜻하기 때문이었다. 과연 다리 밑에 적당히 앉아 쉬고 있자니 그 이야기가 옳다는 생각이 들었다.

구 5번 국도의 고갯길은 무척 꼬불꼬불한 길이다. 그래서 차량의 속도가 그리 빠르지는 않았다. 고개 중턱쯤에 '우곡서원'이라는 팻말이 나타났다. 100여 미터 올라가니 다시 한 번 '우곡서원'이라는 돌로

재랫재 중간쯤에서 발견한 우곡서원.

우곡서원을 지나 고개를 넘었다(좌). 재랫재에서 경북대로(신 5번 국도)를 따라 내려오다 조우한 '어울마실'(우).

된 팻말이 나타났다. 나뭇가지들 사이로 슬쩍 보이는 고택의 지붕들.

　내리막길을 거의 다 내려왔을 때 아주 잘 가꾸어진 정원이 나타났다. 양풍 가옥과 나무들, 잔디밭, 적당히 배치한 항아리들이 조화를 이루고 있었다. 조금 더 아래쪽으로 내려와 입구를 보니 이름이 '어울마실'. 이름도 참 예쁘다. 아마 식목업체인 것 같았다. 이렇게 예쁘게 꾸며놓다니! 운영하는 분이 정원 가꾸는 일을 무척 즐기시는 것 같았다. 사업은 이렇게 해야 하는 것인데. 일을 즐겁게 하면서 남에게 기쁨도 주고 물론 돈도 벌고.

이제 안동까지 24km 남았다.

해 떨어지기 전까지 얼추 계산해봐도 시속 6~7km는 가야 안동에 도착할 수 있겠다.

　고개를 넘어 한참을 왔는데도 안동까지 24km 남았단다. 해 떨어지기 전에 안동에 도착할 수 있을까? 갓길이 비교적 넓어 걷기 편했다.

고개를 넘어 한참을 왔는데도 안동까지 24km 남아 있는 지점

'어울마실'을 지나자 곁에 농로가 나타났다. 출발 전 확인한 바로는 이 길이 5번 국도와 잠시 떨어졌다가 단촌면에서 다시 만나기로 되어 있다. 이 길을 택했다(좌). 왼쪽에 보이는 것이 5번 국도이고 좌측이 단촌면 입구다(우).

기분이 좋아지려는데 경고판 하나가 눈에 띄었다. 과수원 주위로 쳐져 있는 철망에 고압전류가 흐른다는 것이었다. 굳이 이런 것까지 설치해야 하는 상황인가? 며칠 전 신문에 군인 한 사람이 이런 종류의 전선에 감전되어 사망했다는 기사를 본 적 있었다. 이 길로 가다가 도둑으로 몰리는 것은 아닌지? 괜히 켕겼다. 이내 단촌면 입구로 들어섰다.

단촌면 세촌리를 지나면 안동시로 들어가게 되는데 여기서부터는 길을 헷갈리지 않도록 조심해야 했다. 단촌면은 갈라산, 기룡산 등산로 입구가 되고

갈라산, 기룡산 등산로 입구가 되고 고운사로 가는 길목이 되는 이곳이 단촌면이다(좌). 단촌면 세촌리를 지나면 안동시로 들어가게 되는데 여기서부터 조심해야 했다. 5번 국도 옆의 농로가 좌측에 있다가 우측에 있기도 하고 다시 양쪽에 있기도 했다. 지하통로를 잘못 지났다가는 다시 돌아와야 하는 헛걸음을 각오해야 했다(우).

고운사로 가는 길목이 되는 곳이다. 5번 국도를 따르는 과객은 가볼 수가 없었다. 체력안배도 무시할 수 없는 것이니까……

지하통로를 거쳐 5번 국도 좌측으로 가는 편이 안전하겠다고 판단했다. 지하통로를 지나 국도 옆으로 이어진 길은 없었으나 다리 건너 미천의 좌측에 둑길이 보였다. 그 길을 택했다. 다리(광연교)를 건너기 전 표지석을 사진 찍으려는데 걸려온 휴대폰, 사진은 어정쩡하게 되고 말았다.

남지의 둑길과는 여러 가지 면에서 달랐다. 우선 남지는 4대강사업으로 모래톱이 전부 파헤쳐져 있었고 시기도 초봄인지라 풀도 별로 없었다. 강물도 멀리 보일까 말까 할 정도로 떨어져 있었고 공사 차량이 드나들 정도로 규모도 컸다. 여기는 달랐다. 시원한 바람도 솔솔 불었다.

다리 건너기 전 다리 앞에 있던 표지석. 누군가에게서 전화가 오는 바람에 얼떨결에 찍었는데 이 모양이 됐다(상). 둑길은 걷기도 편했고 바람도 솔솔 불었다. 들에서 일하는 사람들도 많았다(하).

들녘에 기차가 지나간다.

5번 국도가 미천과 점점 멀어지는 찰나에, 강에 낮은 살곶이 다리 같은 것이 나타났다.

들녘 끝을 잇고 있는 철교 위로 어쩌다 기차도 한 번씩 지나갔다. 겉에 여러 가지 그림이 그려진 객차도 지나갔고 평범한 객차도 지나갔다. 나중에 현상된 것을 보니 푸르스름한 화물열차 하나뿐이었다.

멀리 보이는 도로가 우측으로 크게 선회하고 있었다. 그러던 차에 강에 낮은 살곶이 다리 같은 것이 나타났다. 콘크리트로 엉성하게 만들어놓은 것이었다. 강에 물이 조금만 차도 물에 잠기게 생겼다. 차라리 잠수교라고 하는 편이 좋겠다.

그 다리를 건너고나서는 국도의 왼편을 따랐다. 멀리 보이는 이정표. 5번 국도가 점점 높아졌다.

암산유원지를 지나
구 5번 국도를 거쳐 안동을 만나다

이정표 앞에서 오래전 들었던 이야기 하나가 떠올랐다. 몹시 가난해서 늘 주려 있던 한 식구가 있었다. 하느님에게 빵을 한 번이라도 좋으니 실컷 먹게 해달라고 빌었다. 가엾이 여긴 하느님이 큰 빵을 그들에게 던져주었다. 모든 식구는 각자 달려들어 빵을 파먹어 들어갔다. 막내의 먹는 속도가 늦기는 했지만 그래도 열심히 파먹어 들어갔다. 한참을 파먹고 있는데 갑자기 앞이 뻥 뚫렸다. 식구 중 제일 건장한 삼촌이 파먹고 들어간 자리일 거야. 막내는 그 굴을 계속 따라갔고 곧 이정표 하나는 만나게 되었다. '앙꼬까지 19km'

5번 국도가 점점 높아졌다. 벗나무 하나 달랑 서 있는 곳을 끼고 돌면서 지하통로를 통해 국도의 우측으로 갔다.

살곶이 다리를 건너고부터는 국도의 왼쪽에 농로가 이어졌다(좌). 어차피 우측으로 가봐야 길이 없기 때문에 이 모퉁이를 돌아 우측 길로 갔다(우).

지하통로를 통하자 국도의 오른편에 가옥들이 많았다(상). 안동 시에 들어오자 여기저기 잘생긴 고택들이 제법 있었다(중 하).

도로의 우측으로 오자 가옥들이 많이 보였다. 도로의 왼편에 있는 농토는 여기 사시는 분들의 일터였다.

안동 도심까지는 십 수 킬로미터 남았지만 이미 안동 시계市界 안으로 들어온 것이 확실했다. 여기저기 정돈 잘된 고택들이 자주 눈에 띄는 것을 보면.

일직면으로 들어갔다 왔다 하면서 일직초등학교 앞을 지나 광음교 밑을 통과해서 암산유원지 쪽으로 가는 구 5번 국도를 따랐다.

예의 신 5번 국도는 암산유원지 앞산을 V자로 가르고 지나갔다. 이렇게 가다 보면 암산유원지를 지나서 구 5번 국도와 만나게 된다. 미천 역시 광음 1교를 밑으로 지나 구 5번 국도를 따라 흘렀다. 광음 1교를 지나면 오르막에 이르는데 여기서 보이는 미천은 주위에 나무들도 많고 제법 강 모양을 갖추었다.

도중에 마주친 일직초교.

광음 1교 다리 밑을 지나면 약간 오르막이 나오는데 이곳에서 본 미천. 이름은 '미美천'이지만 사진에서는 안 보여도 수면에 거품이 많이 껴 있었다.

강 따라 내려오다 본 광음 2교. 다리의 품새로 보아 새로 지어진 광음 1교보다 훨씬 오래된 것 같았다. 여기선 아마 다리 순서를 크기로 정했나 보다. 이 다리를 건너면 암산유원지다.

암산유원지 입구의 단층을 다 드러내고 있는 바위언덕이 보였다. 암산유원지 쪽으로 가려면 다리를 건너야 했지만 그러지 못했다. 강은 암산유원지를 감고 다시 돌아갔다. 유홍준 선생의 《나의 문화유산답사기》 2편의 부제가 '강은 산을 넘지 못하고' 였던가, 이 지방을 나타내는 말로 이것 이상은 없다고 생각됐다.

강을 따라 내려오면서 본 광음 2교. 다리 위에서 낚시하는 사람들이 몇 있었다. 이 다리 건너편은 암산유원지였다(상). 암산유원지 입구의 단층을 다 드러내고 있는 바위언덕. 신 5번 국도가 가운데에 'V'자 홈을 파고 뚫고 지나갔다(하).

바위산을 뚫고 지나가는 구 5번 국도

길 건너에 바위를 뚫은 통문이 있

좌측이 암산유원지 쪽이고 중심에 툭 튀어나온 바위에 차도가 뚫려 있었다.

었다. 이 통문은 암산유원지 동쪽을 마주 보는 도로에 뚫려 있었다. 무주에 있는 나제통문이 떠올랐지만 규모나 역사적 측면에서 차이가 있음을 느꼈다. 구 5번 국도가 바위산을 뚫고 지나갔다. 누군가의 설명에 의하면 6.25사변과 관련된 이야기를 하는 것을 보아 그리 오래된 것 같지는 않았다. 구 5번 국도상이라는 것을 보면 아닌 것도 같고.

통문을 지나 다시 암산유원지 쪽을 바라보았다. 남쪽에서 보았을 땐 몰랐는데 서구식 펜션도 있고 고택도 있었다.

곧이어 남후면 무릉리. 면을 벗어나 오르막길로 오르면서 신 5번 국도와 합류했다. 거기서 남예문이 나타났다. 전주에 들어설 때 나타나는 '호남제일

문'과 비슷한 것 같았다. 명문가가 많이 살았던 지방들은 이런 문 몇 개는 갖추어야 격이 맞았나 보다 생각했다. 땅거미가 지는 것을 보니 오늘 참 많이도 걸었다.

통문을 지나와서 건너다본 암산유원지. 서구식 펜션도, 고택도 모두 보였다. 사진에 보이지는 않지만 오른쪽에 오리배도 있고 그랬다.

남예문을 지나 고개를 넘으면서부터는 도로공사가 한창이었다. 이름 하여 한티교차로. '무릉'이라는 지명도 많지만 한티라는 지명도 여러 곳이다. 한티라는 말이 우리 고유어로 산속에 있는 '넓은 터'라는 뜻이라고 하는데 그 한자어가 '대치'로 서울의 대치동도 예전에는 한티라고 불렀다고 한다. 이곳에서 나그네는 중대한 결심을 했다. 벌써 7시를 넘었고 조금 있으면 어두워질 때였다. 택시를 타기로 한 것이었다.

드디어 안동시 입구에 도착.

택시에 올라 시트에 등을 대니 피곤이 다리에서 출발해서 머리끝까지 쭉 밀려왔다. 택시기사에게 숙박업소 추천을 부탁했다. 좋은 곳이 있다고 했다. 안동에 토박이라고 자처하는 그 양반과 안동에 대해 이런저런 이야기를 나누는 동안 나는 계획을 수정하기로 했다. 애초에는 안동에서 자고 아침 일찍 영주 쪽으로 가면서 제비원 한 군데만 보고 영주로 향하려 했다. 안동에는 여러 차례 온 적이 있었기 때문이었다. 아이들이 어렸을 때 동료들과 출장차 지나가면서 하회마을, 도산서원에 자주 들렀으니까.

택시 운전사가 안동 관광전도를 보여주면서 내일 택시로 관광을 해보지 않겠느냐고 물었을 때 나는 흔쾌히 그러기로 했다. 다음 날 아침 9시부터 오후 4시까지. 가볼 곳은 내가 체크하고 순서는 그 양반이 아침에 정하기로 했다. 만나는 장소는 오늘 묵을 곳 근처에서 아침에 전화하기로 했다. 무슨 모텔에 데려다 주었다. 명함 한 장 남기고 택시는 떠났다.

간판을 보고 안동의 신시가지 옥동임을 알았다. 방을 얻고 샤워하고 혼자 저녁 식사와 소주 한잔 할 만한 곳을 물색했다. 쉽지 않았다. '일요XX'라는 주간신문을 사 들고, 이리저리 배회하던 중 눈에 띈 곳이 '홍어전문집'. 그리 크지도 않고 적합한 곳이라는 생각이 들었다. 옳았다. 비워가는 술병과 함께 몸은 가라앉았고, 방으로 돌아와 쓰러졌는데 이내 아침이 되었다.

이날 나름대로 정한 코스

1. 시내에 있는 전탑, 석탑
- 신세동(법흥동) 7층 전탑
- 옥동 3층 석탑

- 동부동 5층 전탑
- 조탑동 5층 석탑

2. 하회마을

- 하회마을
- 병산서원
- 부용대

3. 봉정사

4. 도산서원

5. 제비원 이천동 석불상

시간이 되는 대로 가보기로 했다. 아침 8시 30분쯤 그 양반을 만났다. 길가에 택시를 대고 스케줄을 협의했다. 하회마을은 서쪽에 있고 도산서원은 동쪽에 있다며 난감해했지만 일단 출발하자고 했다. 나중에 안 일이지만 안동시의 시계는 서울의 2.5배로 전국에서 제일 넓다고 했다.

우리는 처음부터 헤매기 시작했다. 누구에게 물어도 옥동 3층 석탑의 위치를 몰랐다. 일단 아는 곳부터 이동하기로 했다. 위치상으로 가깝다는 태사묘 근처의 동부동 5층 전탑, 태사묘 주변을 몇 번 돌았는데도 못 찾았다. 어쨌든 일단 이동하기로 했다. 사실 처음에만 좀 헤맸지 나중에는 잘 찾았고, 많이 봤고 즐거웠다. 올 초 시작한 이번 여행길에서 누구와 이야기하고 상의했던 적이 없었는데…… 함께 여행한다는 것이 여러모로 편안했다.

안동댐으로 가는 낙동강 강변도로 곁에 있는 7층 전탑과 고성이씨 종택, 이번엔 제대로 찾았다. 안동 신세동 7층 전탑. 전탑 앞에 있는 안내표시판에는 신세동 전탑이라고 소개하면서 내용에는 이 일대가 법흥동이라고 하고 있다. 관광지도 상에는 법흥동 7층 전탑이라고 하고 있어 헷갈린다. 무슨 설

안동 신세동 7층 전탑. 전탑 앞에 있는 안내표시에는 신세동 전탑이라고 소개하면서 내용에는 이 일대가 법흥동이라고 하고 있으며 관광지도 상에는 또 법흥동 7층 전탑이라고 하고 있어 헷갈린다. 그러려니 해야지 별수 있나. 옆에 있는 한옥 고택은 고성이씨 탑동파 종택이다.

명도 없고, 그러려니 해야지 별수 있나. 여기 안내문 전문을 소개하면 다음과 같다.

안동 신세동 7층 전탑 이 탑은 국내에서 가장 크고 오래된 전탑이다. 탑의 높이는 16.8m, 기단 폭은 7.75m이며 단층 기단에 7층의 몸돌(탑신)의 크기를 차츰 줄여가며 쌓아올려 놓았다. 이 탑이 있는 이 일대가 법흥동인 점으로 미루어 8세기 통일신라시대에 처음 건립되었다는 법흥사가 있었다는 것으로 추측되나 탑 이외의 유물은 남아 있지 않다. 현재 이 터에는 고성이씨 탑동파 종택이 있다. 이 탑은 기단부와 탑신부 및 탑두부로 되어 있었으나 현재 탑두부는 노반이 남아 있고 상륜부는 유실되었다. 기단부에는 네모꼴로 팔부중상과 사천

왕상을 돋을새김한 판석이 축조되어 있으며 팔부 중상과 사천왕의 조
각수법에는 서로 차이가 있다. 각층 지붕 윗면에는 기와를 이었던 흔
적이 곳곳에 남아 있다. 이는 목탑이 전탑보다 앞서 만들어졌다는 사
실을 입증해주는 사료로 평가된다. 안동의 역사서인 영가지에는 조선
성종에 고쳐졌고 당시까지 법흥사가 3칸 정도 남아 있었다고 한다.

7층 전탑을 떨어져 보기도 했고 바로 밑에서 올려다보기도 했다. 오랜 세
월, 꿋꿋이 지켜왔다고 소리치는 것 같다. 어쩐지 서글픈 마음이 들었다.

안타까운 안동 신세동 7층 전탑
김길순

길 저쪽 기찻길 옆
회백색 흙먼지
시멘트로 땜질한 7층 전탑

날짐승 날아와 꼭대기에 씨뿌려
차라리 넝쿨로 덮어
흔들리는 틈새 가려주려 했을까.

쇠 마찰음 쉴사이없이
뿌리를 흔들고
흙비, 바람 내 몸 깎아

곱게 쌓아올린 모습, 원형을 잃을지라도
천수를 다할 때까지 버텨야 하는
딱한 신세동 7층 전탑 국보 16호

7층 전탑을 바로 밑에서 위로 올려다본 모습.

탑이라는 것이 부처님의 사리를 모셔 놓은 곳, 그곳에 부

처가 계시다는 의미로 헤아려 본다면 탑의 재료는 큰 의미가 없을 것이다. 다만 재료나 형식이 어떤 루트를 통하였는가 하는 것이 불교의 교리나 사상이 어떻게 변해 왔는가를 규명하는 데 그 의의가 있을 것이다.

법흥동 고성이씨 탑동파 종택. 7층 전탑과 붙어 있고 안내표시판도 그 거리가 10m도 안 떨어져 있었는데 여기서부터 법흥동이라고 했다. 지금도 종가가 살고 있는지 깨끗하고 잘 관리되어 있었다. 안내문 원문을 옮겨보면 다음과 같다.

> **법흥동 고성이씨 탑동파 종택** 이 집의 본체는 조석 숙종 30년(1704)에 좌승지 이후직이 지었고 북정은 영조 51년(1775년)에 진사 이종주가 지었다고 한다. 솟을 대문채, 사랑채, 안채, 정자와 연못 등이 잘 보존되어 있다. 나중에 방앗간 채, 사랑채, 외양간 채가 더 지어졌다. 사랑마당에는 연못이 있고 안채의 동쪽에는 3칸 크기의 사당이 있다. 안채는 정면 8칸 측면 6칸으로 높은 자연석 축대 위에 세워졌다. 이 집은 숲이 우거진 야산과 계곡에 흐르는 물을 건물과 잘 조화시킨 사대부 저택으로서 전통양식을 잘 간직하고 있다.

예로부터 명당자리는 둘로 나뉘는데 우선 음택은 묘를 쓰는 자리이고, 양택은 사람 사는 집을 짓는 자리라고 했다. 오래된 절은 대부분 좋은 양택의 명당자리에 위치한다고 하는데 그래도 절터에 탑을 그대로 두고 종택을 짓는다는 것은 대단한 용기와 확고한 신념이 없었으면 쉽지 않은 일이었을 것이다. 과거 우리나라의 종교라는 것이 주술적 요소를 많이 갖고 있어서 절터에 개인 집을 짓는다고 할 때는 조금 꺼림칙했을 텐데. 그분들은 그곳에서 어떤 세상을 꿈꾸고 있었을까. 본인들이 배우고 익히고 사색한 것들을 승화시켜 종교적 믿음마저도 극복할 수 있는 신념으로 만들었던 것일까?

사람들은 나이를 먹을수록 마음이 약해져간다. 며칠 전 저녁 아내가 초상 집에 갔다 왔다. 거실로 오는 줄 알았는데 부엌으로 가더니 다시 밖으로 나갔 다 온다. 어딜 나갔다가 오는 거냐고 물었더니 우물쭈물 대답을 안 했다. 재 차 물었더니 소금 뿌리고 왔단다. 우리 부부는 모두 이과출신이고 이과의 그 일을 거의 평생 해온 사람들인데도 이 정도였다. 신념이나 확신이 없기 때문 이다. 정말 종교라도 가져 볼 일이다. 나이 먹으면서 마음이 약해지기도 하고 의심도 많아지게 마련이니까.

오랜 세월 견뎌온 국보 제16호 7층 전탑과 신념과 확신에 찬 종택이 공존 하는 이곳에서 어려운 화두를 하나 받았다. 화답을 찾아야 한다. 앞으로 한동 안 그 화답을 찾는 일로 더 번잡해질지 모르겠지만.

안동 조탑동 전탑. 안동의 전탑을 보려면 여기부터 오 는 것이 좋겠다. 11년 5월 현재 보수를 위해 가벤트와 천막이 처져 있었다. 다소 처참하였다.

7층 전탑 쪽은 고택도 있고 해서 손을 댈 수 없었다지 만…… 찢어진 천막 사이로 울음을 참고 있는 머리 모양 만 보았다. 기사양반이 안으로 들어가 보라고 했다. 내 키지 않아서 그만두었다.

안동 조탑동의 5층 전탑

안동 조탑동 전탑 해설문 통일신라시대의 전탑으로 화강암 석재와 벽돌을 혼용해서 만든 특이한 탑이다. 우리나라의 전탑은 거의 모두 화강암을 혼용하고 있으나 이 전탑에서는 그러한 의도가 더욱 적극적 으로 나타나 있다. 기단은 흙을 다져 마련하고 그 위로 크기가 일정하

참고로 문화재청 사이트에 올려 있는 〈안동 조탑동 전탑〉 사진
한 장 붙였다. 섭섭하니까.

지 않은 화강석으로 5~6단을 쌓아 1층 몸돌을 이루게 하였다. 남면
에는 감실을 파서 그 좌우에 인왕상을 도드라지게 새겼다. 1층 지붕부
터는 벽돌로 쌓았는데 세울 당시의 것으로 보이는 문양이 벽돌에 남
아 있다. 2층 이상의 탑신에는 2층과 4층 몸돌 남쪽 면에 형식적인 감
실이 표현되어 있고, 지붕돌에는 안동에 있는 다른 전탑과 달리 기와
가 없다. 이 탑의 체감비율은 지붕보다 몸돌에서 조화를 이루지 못했
는데 1층 몸돌의 높이가 지나치게 높은 점과 5층 몸돌이 너무 큰 것이
그것이다. 여러 차례 부분적인 보수를 거치는 동안 창건 당시의 원형
이 많이 변형되었을 것으로 짐작된다.

하회마을, 병산서원, 봉정사 가는 길

이윽고 하회 마을에 도착했다. 하회마을에서 나와 산길을 따라가면 상
류 쪽에 자리 잡고 있는 병산서원. 하회마을 건너편에 있는 절벽 부용
대. 부용대 위에서 보니 하회마을이 한눈에 들어오는구나.
다시 연미사를 거쳐 석불 바로 밑으로 가보았다. 석불 뒤의 3층 석탑.
석불 오른편에 있는 연미사 대웅전. 이제 도산서원으로 가려 하나 택시
기사 양반이 도산서원 가기 전에 봉정사는 꼭 가봐야 한다고 우긴다.
우리는 봉정사로 향했다.

하회마을 입구에서 동네 쪽을 바라본 전경(좌). 하회마을 안으로 들어와서 본 골목길(우).

예전에 두 번쯤 와본 곳이었는데도 무척 반가웠다. 하회마을 입구에서 동네쪽을 바라보다가 시계를 멈추어놓은 세계로 발을 들여놓게 되었다. 입구의 가로수와 논밭을 끼고 보이는 마을 전경. 볏단으로 지붕을 올린 초가집과 잘생긴 기와집.

곧이어 하회마을에 도착했다. 동네 안으로 들어와서 골목길을 거닐어보았다. 어느 연속극이나 영화에서 본 듯한 모습. 저 골목길을 돌아 안협댁에게 유일하게 거절당한 삼돌이란 놈이 지게를 지고 씩씩거리며 나타날 것 같았다. 조금 기다리고 있으면 말이다.

여기는 풍산유씨의 집성촌이고 서애 유성룡의 생가도 잘 보존되어 있는 곳이다. 영국의 엘리자베스 2세 여왕이 다녀갔다는 흔적이 곳곳에 남아 있었다. 그분도 왕 참 오래하신다.

어느 기와집의 솟을대문, 전체로 잡기 어려워 비스듬히 찍어보았다.

하회마을에서 벗어나 있는 강둑길(좌). 강둑에서 멀리 보이는 낙동강(우).

하회마을 안쪽 길을 벗어나 강둑길을 따라 걸어보았다.

강둑에서 멀리 보이는 낙동강. '강은 산을 넘지 못하고' 돌아서 흘러갈 수밖에 없었다.

강둑 근처에 초가집이 모여 있는 곳이 있었다. 뒤쪽으로 돌아 한 장 살짝 찍었다. 이런 곳에 며칠 머물면서 시간의 흐름을 잊는 것도 큰 낙이 되겠다

강둑 근처에 초가집이 모여 있는 곳. 한곳 한곳 머무는 사람이 다른 펜션 같았다. 이런 곳에서 며칠 머물면서 시간의 흐름을 잊는 것도 큰 낙이 되겠다.

싶었다. 택시 양반과 약속한 시간이 30분을 초과하였다.

병산서원. 병산서원은 하회마을에서 나와 산길을 따라가면 하회마을의 상류 쪽에 자리 잡고 있었다.

비포장도로의 산길. 덜컹덜컹, 참 오랜만에 지나본다.

기사양반의 말에 따르면 이곳이 사유지라 포장을 의도적으로 피한 것 같다고 했다. 원래 풍산유씨의 사학이었던 것을 서애 유성룡 선생이 이곳으로 옮겨 왔고 광해군 때 정경세가 중심이 된 지방 유림이 유성룡 선생을 추모하기 위해 존덕사를 창건하였다지. 철종 14년(1863)에 병산이라는 사액을 받아 사액서원으로 승격한 것이 대원군의 서원철폐령에서 살아남은 47개의 서원 중 하나로 남았다. 아담한 병산서원 입구(외삼문)를 지나자 만대루가 나타났다.

병산서원 입구.

앞으로 푸른 강도 보이고 산이 크게 감싸고 있으니 낙원이 따로 없다. 그 안으로 병산서원 강당(입교당) 서재, 동재, 장판각 등 쭉 둘러보았다.

앞쪽 강가로 내려갔다. 공부하다가 지친 유생들이 물에도 들어가고 모래톱

병산서원 입구(복례문)를 지나자 만대루가 나타났다. 입구 반대쪽에서 찍었는데 오른쪽 지붕 밑으로 낙동강물이 보일락 말락 한다.

에서 천렵도 하면서 피로도 풀고 서로의 이상을 이야기하며 세상에 나갔을 때 이룰 꿈에 대해 토론도 하고 했을 것이다. 풍광을 보니 그럴 만도 했겠다. 4대강 지류 사업도 곧 시작한다니 언제 중장비들이 들이닥칠지 모르겠다. 세상에 변하지 않는 것이 있겠나. 그저 천천히 변했으면 하고 바랄 뿐이지.

기사양반은 차를 저만치 빼놓고 기다리고 있었다. 택시기사는 마산까지 가는 버스가 2시에 한 편, 6시 30분에 한 편뿐이라고 했다. 이미 한 시를 지나고 있으니 두 시는 틀렸다.

병산서원 강당(입교당)(상). 병산서원의 주사(중). 주사 앞의 화장실. 들어가기 전에 헛기침을 꼭 해야겠다(하).

부용대, 하회마을 건너편 절벽에 서 있다. 태백산맥의 맨

끝자락이라고 했다. 부용대를 올라가는 길목에 화천서원이 있다. 이 서원에
서 왼쪽으로 오르고 다시 오른쪽으로 돌아서 내려와야 한다. 화천서원은 겸
암 유운룡 선생의 학덕을 흠모하던 지역의 유림이 정조 10년(1786)에 설립하
였다.

부용대를 올라가는 길목에 있는 화천서원.

고택 안을 통과하자 거의 60도에 가까운 급한 길이었다. 그렇게 높지 않아
서 다행이기는 했지만 엉금엉금 기었다. 지친 몸에 땀을 한번 쫙 뺐다. 부용
대 위에서 보니 하회마을이 한눈에 들어왔다. 이래서 여길 오는구나.

부용대에서 내려다본 안동 하회마을의 강쪽. 이 사진의 좌측 끝과 오른쪽 사진의 왼쪽 끝을 맞
추면 된다(좌). 부용대에서 내려다본 하회마을. 왼쪽 사진의 좌측으로 보면 된다(우).

제비원 이천동 석불상. (보물 제115호) 자연 암석에 불신을 세우고 그 위에 머리를 따로 제작하여 올려놓은 거구의 불상이다. 산 아래서 정면으로 올려다보았다.

한숨을 몰아쉬고 옆에 있는 안내판을 보니 해발 64m. 생각보다 낮았다. 내가 사는 아파트도 지표에서 45~50m 정도인데. 실제로 표고에서 보면 비슷한 것 아닌가. 하긴 우리 아파트에서도 창원 시내가 전부 보이니까. 부용대 뒤쪽으로 편안한 길이 있었다.

애초에는 봉정사와 도산서원을 먼저 간 후에 이천동으로 나오려 했는데 택시기사 양반친구의 "그쪽으로 차가 밀린다"는 긴급제보로 이천동을 먼저 들르게 되었다.

제비원院은 말 그대로 여행자의 쉼터이다. 원은 고려시대
사찰에서 일반인에게 포교하고 여행자에게 자비를 베풀기 위해 만들어진 곳이었다. 제비원이라는 명칭도 여기에서 유래한다고 전해지는데 구체적 유적이나 유물은 없었다.

산 아래 옆에서 본 석불상. 정면에서 볼 때는
잘 모르지만 얼굴 뒤쪽의 두부는 많이 손상
되어 있다. 뒤로는 올라가지 못하도록 막아
놓아서 자세히 알 수는 없지만 자연석의 앞
면만 조각하고 뒷면은 그대로 두었다는 말도
있다(상). 바위산에 올라 석불을 바로 밑에서
본 모습. 기도하는 분들이 계셔서 예의가 아
닌 줄은 알고 있었지만 어쩔 수 없었다(하).

이천동 석불상은 자연암석에 불신을 세기고 그 위에 머리를 따로 제작하여 올려 놓은 거구의 불상이다(보물 제115호). 자연석에 머리높이 2.43m, 전체높이 12.43m의 석불을 제작하였다. 머리 뒤쪽은 거의 파괴되었으나 얼굴은 완전한 마애불이다. 중품하생인의 수인을 하고 있는 것으로 보아 아미타여래로 짐작되며 제작시기는 11세기 경으로 추측된다. 원래 신라 선덕여왕 때(634년) 세운 연미사에 있던 불상이다. 연미사는 폐사되었다가 1918년 복원되었고 최근 내가 갔을 때 중창 중이었다.

산 아래에서 불상을 올려다보았다. 얼굴을 중심으로 양어깨를 타고 흐르는 자연석의 흐름은 문자 그대로 불법으로 산 아래쪽을 전부 싸안고 있는 듯 느껴졌다.

바로 앞쪽에 있는 바위가 가로막고 있는 것 같지만 오히려 처리가 애매했을 불상의 아래쪽 세부 모습을 자연스럽게 가려주어 불상에 신비로움을 더해주고 있다. 옛날에는, 제비원을 지나다니는 여행객들에게 종교적 의미의 부처가 아니라 멀리서 맞아주고 작별해주는 친숙한 존재였을 것이다.

연미사를 거쳐 석불 바로 밑으로 가보았다. 그곳은 바위 사이에 있는데 좁고 긴 회랑을 이루고 있었으며, 부처에게 기도하고자 하는 사람들은 모두 사용할 수 있는 깔판이 준비되어 있었다. 물론 서너 분 참배객들이 계셨고 석불의 아랫부분을 잡고 무엇인가 마음속의 말을 하는 분도 계셨다.

석불 바로 옆의 안내문에 '무엇이든 빌면 바라는 것 한 가지는 이루어주는 부처님'이라고 적혀 있었다. 이럴 때 그대는 무엇을 바라겠는가? 나도 곰곰이 생각했다. 하지만 이루어야 할 것이 한 가지만이 아니라서, 한 가지만 되면 안 되니까 아무것도 바라지 않기로 했다. 워낙 걸리는 것이 많은 이 중생을 이해하여 주소서!

돌아서는 길에 좋은 기회를 놓쳤는지도 모르겠다고 생각했다. 석불 좌측 뒤쪽에 3층 석탑이 있었다. 사람들의 접근으로 그 근처가 많이 파손되어 석불 뒤쪽으로의 출입은 통제되고 있었다. 그 3층 석탑은 석불상과 같은 시기인 고려시대의 것으로 추정하고 있다는데 나중에 봉정사에서 규모에서나 탑신의 비율 등이 비슷한 3층 석탑을 만났다. 그러나 여기저기 문서나 글에 아무 설명이 없는 것을 보면 멀리서 본 나의 주관적 느낌이었나 보다.

석불 뒤의 3층 석탑
사람들의 접근으로 그 근처가 많이 파손되어 내가 갔을 때는 석탑 쪽으로는 출입금지였다. 내 카메라의 줌 기능이 좀 더 좋았으면 더 크게 찍을 수 있었는데, 그래도 작아서 그런지 아주 귀엽게 보였다. 귀여운 석탑, 조금 이상하기는 하지만…….

석불을 돌아 나오는 길에 새로이 중건한 연미사가 있었다. 돌산의 기슭에 만들어서인지 절 전체가 산허리를 타고 길게 늘어선 느낌이었다. 안내문에

석불 오른편에 있는 연미사 대웅전.

보니 최근 요사채 허가가 당국으로부터 승인되어 요사채를 증축하고 있다고 했다. 불국정토의 세계에도 당국의 허가는 필요했다.

이천동 석불상을 나오던 길 신호대기 중에 옆으로 소형차가 바싹 붙더니 도산서원 가는 길을 물었다. 예의 친절한 그 택시기사 양반이 도산서원 가기 전에 봉정사는 꼭 가봐야 한다고 우겼다. 우리는 봉정사로 향하면서 이제는 우리 택시 뒤로 일행을 갖게 되었다.

봉정사는 672년(문무왕) 의상이 창건하였다고 전해진다.

의상대사의 제자인 능인이 창건하였다는 설도 있다. 한국 전쟁 때 대부분의 자료가 소실되어 사찰의 역사는 전해지지 않는다. 1972년 극락전 해체 복원 공사를 할 때 상량문에서 고려 공민왕 12년에 극락전을 중수하였다는 기록이 발견되었다. 이런 사실이 인정되어 봉정사 극락전이 현존하는 최고의 목조건물로 인정받게 되었으며 국보 제15호로 지정되었다. 그 외에도 일주문, 대웅전, 고금당, 해회당, 영산암 등의 중요 건축물과 고려 대표적인 석탑인 3층 석탑이 있다.

봉정사에 도착하여 일주문으로 들어갔다. 사찰에 들어가는 첫 문을 일주(외기둥)로 지은 것은 모든 진리가 하나임을 나타내며 이곳을 지나면 속세를 떠나 불국정토의 세계로 들어가는 것이 된다. 천등산 봉정사의 일주문은 양쪽에 하나씩인 기둥(일주)을 가지고 있었다. 상대적으로 크게 느껴지는 지붕을 이고 있는 모습이 불안하게 보이기도 했지만 나름대로 의연한 모습이었다. 기둥 중간 아래쪽에는 사람들에게 차이고 부딪혀서 그런지 페인트가 벗겨진 채 약간 틀어져 있었다. 문 옆에 통로를 열어 실제로 사람들이 드나들고 있었지만…… '그래, 그대도 원형을 잃어버릴지라도 천수를 다하도록 버티고 있어다오.'

보통의 절은 일주문을 지나 절에 다다르면 사천왕들이 지키는 사천왕문이나 금강역사들이 지키는 문이 입구이기 마련인데 이곳은 입구에 해당하는 곳에 만세루가 있었다. (일종의 루문이 되겠다.) 정면으로 5칸 측면 3칸의 맞배지붕으로 측면에 바람막이 판을 달았다.

봉정사 전체 연혁은 신라시대 문무왕 12년(672년)이라고 한다. 해체 수리 시 발견된 기록에 따르면, 대

천등산 봉정사 일주문. 이곳을 통과하면 속세를 떠나 불법이 지배하는 불국정토의 세계로 들어가게 된다(상). 봉정사 입구에 만세루가 있다(하).

웅전은 조선 초기에 지어진 것이라고 했다. 내부에는 석가여래를 중심으로 문수보살, 보현보살을 좌우로 모시고 있었다. 건축양식은 다포계의 단층 팔작지붕이라고 한다. 지붕의 흐르는 선과 처마의 들려 올려진 모습을 보았을 때 좀 무식한 이야기 같지만 팔작지붕이 무슨 의성어나 의태어인가 하는 생각이 들 정도였다. 전체적으로 균형이 잘 잡힌 모습이었다.

극락전은 건립연대를 1200년대 초로 추정하고 있어 우리나라에서 가장

봉정사는 신라 문무왕 12년(672년)에 의상대사가 세운 절이라고 하는데 대웅전은 조선 초기 때 지어진 것이라고 한다. 이는 해체 수리 때 발견된 기록에 의한 것이다.

오래된 목조건물로 보고 있으며 통일신라시대 건축양식을 본받고 있다. 60~70년대 초중고를 다닌 나로서는 부석사 무량수전이 가장 오래된 목조건축물이라고 외우고 또 외웠는데 바뀐 것을 이번에 알았다. 서열도 극락전이 국보 제15호이고 원형을 잃더라도 천수를 다해야 하는 딱한 신세동 7층 전탑이 국보 제16호, 무량수전은 제18호였다. 대웅전의 팔작지붕처럼 화려함은 따르지 못할지라도 단정함에서는 극락전이 낫다는 생각이 들었다.

극락전의 영역에 속해 있는 이 탑은 건립연대가 대체로 고려 중기로 추정된다. 이 탑은 다른 탑을 보고 만들면서 특정 부분을 강조한 미니어처의 느낌이 들었다. 오기 전에 들렀던 제비원 이천동 석불상 뒤편에 있던 3층 석탑과 비슷하다고 생각했다. 기단의 크기나 탑신의 비율은 달랐지만…… 멀리서 보기는 했어도 이천동 석불상 뒤 3층 석탑이 더 세련된 것 같았다. 그래, 무엇이든지 가까이서 자세히 보는 것보다 떨어져 보는 쪽이 나아 보이는 것이 석탑만이 아니고 사람도 매한가지겠지.

고금당은 요사채로 사용되었던 건물이며 건립연대는 조선 중기로 추정된

이 석탑은 극락전의 영역에 속해 있으며 건립연대는 대체로 고려 중기로 추정된다(좌). 고금당 앞의 3층 석탑은 극락전 앞의 석탑과 같은 것으로, 사진에서는 그 방향만 다르다. 즉 우측에 극락전이 있다(우).

다고 했다. 고금당 앞의 3층 석탑은 극락전 앞의 3층 석탑과 같은 것으로, 사진에서는 그 방향만 다를 뿐이다.

석조여래조상은 원래 안정사 연화좌대에 안치된 석불상이었다.
그러나 안정사 주지가 방에 안치하면서 금분을 칠해 원형이 다소 손상되었다. 대좌와 광배는 그때 없어졌다. 그 뒤 안동댐 건설로 안정사가 폐사되면서 1973년부터 봉정사에서 보관하고 있다고 했다.

석조여래좌상은 대웅전에서 극락전으로 가는 길목에 있었는데 안내문을 보기 전 멀리서 불상 얼굴이 일그러진 모습을 보고 깜짝 놀랐다. 크메르 왕국의 수도 앙코르톰(앙코르와트와는 다름)에 있는 바이욘 사원의 문둥왕(자야바르만 1세인지 아닌지 밝혀지지는 않았지만)의 석상이 떠올랐다. 무엇인가 아름다운 희생의 이야기를 기대하며 본 안내문의 내용은 앞에 기술한 그 내용이었다. 상상력의 부족? 상상력의 과잉? 어쨌든 조금은 실망스러웠다.

'영산암'이라는 이름은 석가불이 법화경을 설법하였던 영취산에서 유래하며 보통 영산이라고도 부른다. 봉정사 영산암은, 영취산에 모여 석가불의 설법을 듣는 나한에게 초점을 두어 응진전을 중심 건물로 보기 때문에 '영산

안정사 석조여래좌상. 이 불상은 대웅전에서 극락전으로 가는 길목에 있는데 안내문을 보기 전에 일그러진 그 모습을 보고 깜짝 놀랐다.

봉정사 뒤쪽 영산암을 계단 아래에서 본 모습

암'이라고 불렀다고 하였다.

영산암을 끝으로 봉정사에서 내려왔다. 택시 기사 양반 이야기가, 새로 생긴 일행(차창으로 도산서원 가는 길을 물었다가 얼떨결에 따라온 작은 승용차의 일가족)은 올라간 지 얼마 안 되었다는 것이었다. 기다려 말어, 망설이는데 그 양반이 시간관계로 출발하자고 했다. 그래도 도산서원 가는 길 쉽게 가려고 여기까지 따라왔는데, 하지만 어쩔 수 없었다. 우리는 도산서원 쪽으로 출발했다. 나중에 도산서원을 돌고 나오다 그 가족을 만났다. 원망의 눈초리를 느꼈지만 그래도 이렇게 오지 않았는가. 덕분에 엘리자베스 2세 여왕이 다녀가셨다는 봉정사도 덤으로 보지 않았는가. 핑계를 마음속으로 외치며 슬며시 모른 척을 했다.

한국국학진흥원을 거쳐
이황의 자취, 도산서원을 더듬다

도산서원을 향하여 가다가 택시기사 양반이 부추기며 하는 말. '이런 곳도 좋아하실 것 같은데 들려 보실래요?' 시간은 없어도 하나라도 더 보여주고 싶어하는 마음이 느껴졌다. 한국국학진흥원, 이런 곳이 있는지도 몰랐다. 한국학자료 가운데 민간에 흩어져 있어 소멸될 위기에 직면한 유교 관련 기록과 문화재들을 기탁받아 안전하고 과학적으로 보존하기 위해 1995년 설립되었다고 한다. 그 규모나 시설이 생각했던 것보다 훨씬 컸다. 물론 보존만 하는 것이 아니라 연구도 하고 교육도 하는 곳이었다. 누구에게라도 기회가 있으면 꼭 방문해보라고 권유하고 싶다.

우연히 들르게 된 한국국학진흥원(좌). 도산서당 입구(우).

한국국학진흥원 뒤쪽에 있는 유교문화박물관 입구. 2006년 개관.

한국국학진흥원으로 들어가 뒤쪽으로 가자 유교문화박물관이 나왔다. 알고 찾은 것은 아니었는데 길의 흐름이 자연스럽게 이어져 있었나 보다. 그곳에 들어서자 50~60대로 보이는 점잖게 생기신 정장 차림의 연구원(또는 자원봉사자) 한 분이 해설을 자청하셨다. 그분은 각각의 전시품이나 유학의 큰 흐름, 낙동강을 중심으로 낙동과 낙서의 차이점, 理와 氣에 대한 퇴계 이황 선생이나 율곡 이이 선생의 입장차 등을 3개층의 전시실을 돌면서 진지하게 설명해주셨다. 밖에서 기다리는 택시기사 양반의 조바심이 여기까지 들리는 듯했지만 한 시간 가까이 이어진 진지한 설명에 귀 기울일 수밖에 없었다.

한국국학진흥원을 나서고 나서 이날의 마지막 일정이 될 이곳 도산서원 입구에 도착하였다. 도산서원 입구를 지나 서원으로 가는 길에서부터 병산서원에서와는 다른, 요즘 애들 말을 빌려서 하자면 포스가 느껴졌다. 좋고 나쁨을 떠나서 그렇게 느껴졌다는 것이다.

첫 번째 도는 길 좌측에 벤치가 있었고 그 아래로 강물이 보였다. 산에 부딪혀 돌아가는 두 소나무 사이로 보이는 강물의 푸른빛, 글쎄 단순히 푸르다

전시장 내부(좌). 선비로서 갖춰야 할 것들이 있는 선비의 방을 전시한 코너(우).

고 하기에는 그 강물의 색을 반도 표현하지 못할 것 같았다. 그만큼 신비롭고 아름다웠다. 사진을 자세히 들여다보면 사진 아래 중간쯤에 강을 가로질러 있는 잠수교가 희미하게 보인다.

그리고 생각해보니 병산서원의 앞 강은 안동댐의 하류이고 여기 도산서원 앞의 낙동강은 안동댐의 상류였다. 강물에서 병산서원이 손해 좀 봤다.

서원까지 이어진 돌담에 비포장 길, 걷기도 좋았다. 비포장 길은 이내 끝나고 도산서원 입구 앞마당에 도착했다. 이곳에는 사용하지 않는 우물이

도산서원으로 가는 길목에서 낙동강을 바라본 모습. 말이 별로 필요할 것 같지 않았다(좌). 도산서원 앞마당에서 시사단 왼편을 본 모습. 강물색이 유난히 파란색을 띠었다(우).

있었는데 내 기억으로는 십 년쯤 전에 여기 어디서 약수 같은 것을 먹었던 것 같다. 석굴암 앞마당이었나, 여기는 아니었다. 건너편으로 시사단이 보였다.

정조는 퇴계 이황의 학덕을 추모하는 제사를 지냈다.

1792년(정조 16년) 왕은 규장각의 각신 이만수를 도산서원에 보내 추모제를 올렸다. 또한, 그곳 송림에서 과거를 치러서 영남 인재를 선발하게 했는데 이때 응시자가 7천 명에 이르렀다. 이 사실을 기념하고 기리기 위해 1796년 여기에 단을 모으고 비와 각을 세웠다. 1974년 안동댐 건설로 수몰위기에 처하자 단을 지상 10m 높이로 쌓아 각과 비를 그대로 옮겼다고 한다. 이것이 시사단이다.

도산서원 시사단. 이곳에 가려면 매표소 왼쪽으로 내려가서 강에 놓여 있는 잠수교를 건너야 하는데 이날은 잠수교가 문자 그대로 물에 잠겨 있었다.

올봄 새로 돋아난 잎사귀들을 주체하지 못해서 앞으로 잔뜩 고개를 숙인 왕버들 나무가 앞마당 한쪽에 있었다. 구부러진 몸통과 줄기는 연륜을 말해주고 있었지만 새로 돋은 연한 녹색의 잎사귀들은 가시지 않은 젊은 날에 대한 향수를 뿜어내고 있었다. 사람들도 연륜이 쌓인다고 머리만 안 빠지면 말이야……

도산서원 입구로 들어갔다. 앞쪽 입구는 퇴계 이황이 거처하던 도산서당의 입구이고 안쪽 문이 도산서원의 외삼문인 진도문이다.

외삼문은 실제 서원의 입구로 진도문(병산서원의 외삼문은 복례문)이다. 진도문은 '도에 나가서는 물러서면 안 된다'는 뜻으로 주자가 지은 근사록近思錄에 나오는 말을 인용한 것이다. 진도문 안쪽 오른편에 도산서당이 있었다.

도산서원이라는 것이 도산서당을 중심으로 퇴계 이황 선생의 사후 유림에서 건립한 것이며 1575년(선조 8년)에 한석봉이 쓴 도산서원 편액을 하사받음으로써 사액서원으로 영남 유학의 총본산이 되었다. 도산서당은

도산서원 입구 앞마당에 있는 왕버들 나무(상).
도산서당 입구(중). 이것이 실제의 서원입구 외삼문인 '진도문'이대(하).

퇴계 선생이 낙향한 후 학문연구와 후진양성을 위해 지어졌으며, 사원 내에서 가장 오래된 건물로 퇴계 선생이 직접 설계하셨다고 한다. 공부를 가르쳤던 마루는 암서헌이라고 하고 직접 기거하시던 방은 완락제라고 한다.

도산서당에는 '방에 들어가지 마세요.' 라는 팻말이 있음에도 아이들이 들락날락 정도가 아니라 아예 드러누워 뒹굴었다. 한참을 기다려서 뒹구는데 싫증이 난 아이들 한 무리가 지나간 후에야 팻말을 제대로 놓고 사진 한 장을 찍을 수 있었다. 이내 다른 무리의 기척이 느껴졌다. 나는 황급히 그 자리에서 벗어났다.

뒹구는 애들에게 뭐라 하면 안 된다. 십 년 전쯤 식당에서 막 뛰는 애들보고 뭐라고 좀 했다가 그 애들 엄마 되는 사람에게 엄청나게 혼났다. '애들 기 꺾지 말라'고. 뭐, 일리가 있기는 하다. 앞으로 기 꺾이지 않도록 하지 말라는 것만 골라 시키세요. 그렇게 한다고 기 좋은 사람이 될까?

도산서당.

주자 이전의 유학은 인간으로서 지켜야 할 도리를 일컫는다. 또한 리더가 갖추어야 할 기본적 소양과 자세 그리고 예('예가 무엇인가?' 하는 제자의 질문에 '자기가 성취한 덕 또는 도만큼의 밖으로 드러난 자세'라

책판을 보관하던 장판각.

고 공자께서 대답했다고 한다.)를 어떻게 지켜야 하는가에 대한 방법도 순자(순자
도 공자를 사사하였다고 했으니 그 일류라고 하면), 한비자, 공손앙처럼 이를 법으
로써 지켜야 한다는 자세와 맹자 등과 같이 이를 덕으로서 밝혀 스스로 지키
게 한다는 등의 논의가 주였다.

주자는 당, 송대에 번창하기 시작한 불교의 인간 본성, 즉 내 마음속에 부
처가 있어 계속 갈고 닦아 정진하겠다면 누구라도 성불할 수 있다는 사상에
자극을 받아 유가에서 논하는 인간의 본성에 대해 탐구를 하게 되었으며, 이
것이 주자학이고 가장 기본적인 논리와 성측리性測理를 따 성리학이라고도
했다.(예전 학교 다닐 때 시험 보기 위해 나름대로 머릿속에 정리해 놓은 것인데 짧은 생
각을 가지고 너무 깊은 주제를 건드린 것 같다.)

이때 맹자의 이理와 기氣에 대한 연구가 많이 이루어졌다. 우리나라에 전해
진 성리학은 퇴계 이황 선생과 율곡 이이 선생의 '이'와 '기'에 대한 생각을
달리하면서 이기이원理氣二元이나 이기일원理氣一元으로 차이를 보였지만 더

옥진각(우측)과 하고직사, 농운정사(좌측)의 사잇길

욱 심화하고 그 폭을 넓혔다. 개인적인 생각으로는 퇴계 이황 선생의 생각이 원칙에 더 가깝다고는 생각하지만 결국 인간의 도리를 논한다면 그 원칙이라는 것의 경계가 모호하지 않겠는가.

이황 선생은 암서헌의 좁은 마루에서 제자를 가르쳤다.

또한 좁은 거처(완락제)에 기거하면서 어떻게 그런 사상들을 정리하고 완성해낼 수 있었을까. 짧은 식견이지만 이런 생각들을 해보았다. 현대 정신분석학의 시조라고 할 수 있는 프로이트가 주창한 인간의 잠재의식(무의식)의 세계는 출생 이후 성장하면서 주어진 외부 자극의 축적에서 현재 행동에 대한 원인을 찾을 수 있다는 생각 그리고 프로이트는 종교란 것이 무엇이냐는 질문에 대해서 '종교는 유아기적 발상에서 나온 집단적 노이로제 현상이다.' 라고 했다고 한다. 그의 후계자가 될 것이라고 믿었던 제자 칼 구스타프 융과의 불화로 말년에는 생각의 일부를 수정했다고 하지만……. 칼 구스타프 융은 자기는 정신과 의사라고 주장했지만 문제에 봉착하면 자기 자신의 내면탐사를 통해 해결하려 했다. 인간의 마음은 외부의 자극에 의해 형성된 것 이외에도 많은 것에 영향을 받아 형성된다고 말하면서. 자아, 초자아, 초초자아…… 많은 확신을 사색을 통해서, 또 자신의 내면을 스스로 탐사해서 얻었다고 했다.

퇴계 이황 선생도 이 방 마루턱에 앉아 인간본성에 대해 깊이 있게 내면탐사를 했을 것이다. 다른 학자들과의 서신교환과 독서 등도 물론 큰 힘이 되었을 것이다.

전교당과 양쪽에 있는 서재(홍의재, 박약재), 장판각, 상덕사를 돌아 상고직사에서 옥진각과 하고직사, 농운정사의 사잇길을 내려오면서 이런저런 생각으로 몇 번인가 계단을 헛디딜 뻔했다. 나는 도산서원 앞마당에 다시 섰다. 푸른 강물과 농작물로 덮여 있는 들판과 멀리 보이는 숲 그리고 나지막한 산들. 우리의 삶은 무엇일까? 얼마 전 스티븐 호킹 박사가 어떤 신문과의 인터뷰에서 사후세계에 대한 질문에 '죽음이란 망가진 컴퓨터에 전원을 차단하는 것인데 망가진 컴퓨터를 위한 사후세계가 있겠는가?'라고 반문해서 종교계의 반발을 샀다는 이야기가 있었다. 정말 없을까?

이것으로 이날의 일정을 끝내고 출구 쪽으로 가다가 뜻하지 않게 봉정사까지 동행하게 되었던 그 일가족을 만났다. '잘 보고 느끼고 오세요.'

시간은 4시를 훌쩍 넘었다. 그러고 보니 점심도 안 먹고 돌아다녔다. 택시기사 양반에게 추천받아 간 안동댐 곁의 매운탕집. 그렇게 큰 쏘가리는 처음 보았다. 쏘가리에 반주 한잔……. 안동댐 언저리에서 지는 해와 함께 이번 여행이 끝나가고 있었다.

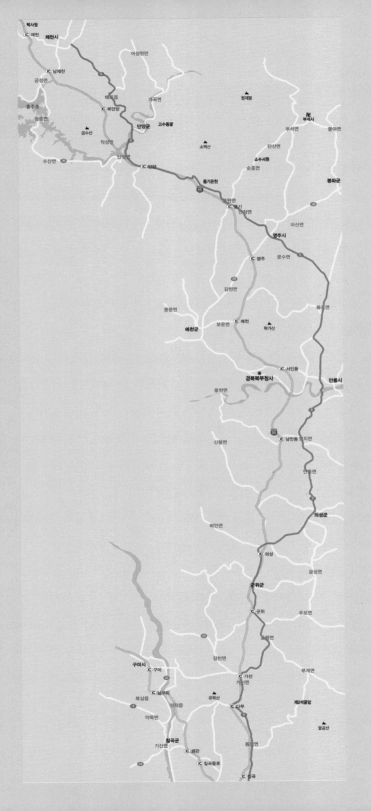

제3장

초여름 아내와 함께…… 그리고 돈추 지나치고, 놓친 곳을 다시 가보다

창녕 톨게이트를 나와 좌회전 → 5번 국도 → 송현 사거리 → 우회전(창녕박물관과 송현동 고분군을 보려면 좌회전)하여 만옥정 → 술정리 동3층 석탑 → 송림사(칠곡군 동명면 구덕리) → 한티 성지순례길 → 제비원 연미사석불 제2석굴암 재차 방문(아내를 위한 서비스) → 영주 입구에서 5번 국도를 벗어난 36번 국도 → 935번 지방도로 → 부석사, 소수서원 → 선비촌, 박물관과 연결된 소수서원 → 부석사를 거쳐 5번 국도 고갯길(소백산 죽령) → 소백산 국립공원 희방사 → 소백산역 → 풍기온천

안동을 지나 영주 시외버스터미널 도착 → 마애삼존불상(영주시 가흥리) → 시내휴천동, 노인회관 앞에 자리 잡은 '선사시대 지석 및 입석' → 영주 시외버스터미널에서 단양으로 출발 → 단양 대명콘도 앞 소금정공원(온달과 평강공주상, 옥소권섭 시비) → 남한강 산책로 → 단양 시외버스공용터미널 → 제천 시외버스터미널

5번 국도를 따라 북상 → 안동 시내 → 제비원 → 풍기까지 4차선으로 이어진 5번 국도를 타고 소백산 죽령고개에서 출발 → 풍기온천 → 희방역 → 희방 계곡을 지나면서 굴곡 심한 5번 국도 → 죽령역 지나 좌측에 남한강 지류→ 5번 국도를 살짝 벗어난 단양군청 → 고수대교에서 우회전 → 고수동굴 → 남한강을 따라 거슬러 올라감 → 5번 국도 → 제천시 → 향산 석탑 → 구인사 → 도담삼봉 → 5번 국도로 복귀 → 제천 의림지(제천시 장락리 7층 모전 석탑과 장락사지) → 원주 탁사정 → 흥법사지 3층 석탑과 진공대사탑비 → 5번 국도 → 횡성군 입구 → 홍천 → 서울

무량無量한 지혜를 찾아

초여름으로 접어드는 6월 초 토요일 아침. 이번에는 아내가 따라간다고 나섰다. 애초 안동 제비원을 출발해서 영주, 될 수 있으면 풍기까지 도보로 진행하고 다음날은 영주와 풍기 주변을 둘러보려고 차편까지 다 조사해두었는데 행로를 수정하지 않을 수 없었다. 그동안 여행을 진행하면서 몰라서 지나간 곳, 못 찾아서 놓친 곳도 다시 한 번 가봤다. 5번 국도에서 많이 벗어난 곳은 피하려 했지만 영주에 가면 꼭 가봐야 한다는 부석사, 소수서원, 선비촌도 가보기로 했다. 어쩔 수 없이 차량을 동원하게 되었다. 다음과 같이 계획을 정하고 출발했다.

당일

1. 창녕군 만옥정공원 내 신라 진흥왕 척경비 (국보 제33호)
2. 칠곡군 동명면 구덕리 송림사
3. 제비원 연미사석불(꼭 빌 것 한 가지 있다는 아내의 적극적 요청에 의해 다시 방문하게 되었음)
4. 소수서원, 선비촌
5. 부석사, 풍기온천

다음날

1. 소백산 국립공원 내 희방폭포
2. 소백산 국립공원 내 희방사
3. 희방사역
4. 풍기온천

서두르는 것 같아도 출발은 8시가 다 되어서였다. 오늘 오전까지는 비가 온다더니 비는 오지 않고 안개만 꼈다. 비가 한 번쯤 와도 좋겠다고 생각했지만 이틀 내내 안개만 꼈다 개었다 했다. 차로는 불과 한 시간도 안 걸리는 길을 그때는 이틀을 걸었다. 창녕 톨게이트를 나와 좌회전 해서 쭉 올라가면(화왕산 쪽이라서 이렇게 표현했다.) 송현 사거리가 나온다. 여기서 신라 진흥왕 척경비가 있는 만옥정 공원으로 가려면 우회전을 해야 한다. 좌회전 하면 창녕 박물관과 송현동 고분군이 나온다. 새벽같이 따라온 아내에게 서비스도 할 겸 또 그 노랗던 잔디가 어떻게 변했는지 궁금하기도 해서 그쪽을 먼저 갔다. 안개가 살짝 끼어 있는 그곳도 여지없이 연초록으로 물들어 있었다.

다시 가본 송현동 고분군. 노랗던 잔디는 여지없이 연초록으로 물들어 있었다.
멀리 안개는 끼어 있었고……

만옥정 공원은 쉽게 찾을 수 있었다. 그러나 주차장을 못 찾아 주변을 몇 번 돌았다. 결국 창녕경찰서 옆길로 올라가는 곳에서 주차할 곳을 찾았다. 만옥정 공원에서 제일 먼저 눈에 띄는 것은 창녕 객사였다. 300~400년 정도 된 조선 후기의 건축물로 추측된다는 창녕 객사는 조선시대의 지방관 관아 건물로, 고을수령이 임금의 위패를 모시고 예를 올리는 정당과 중앙에서 파견된 관리들이 머물렀던 좌, 우헌으로 구성되어 있다. 이곳으로 옮긴 것은 1988년이라고 했는데 보존상태도 양호했고 기둥만 남아 있어 오히려 전체 구조를 한눈에 볼 수 있어 좋았다.

객사 뒤쪽에는 퇴촌 3층 석탑이 자리 잡고 있다. 창녕읍 퇴촌리의 한 민가에 무너져 있던 것을 1969년에 수리하여 지금의 위치에 옮겨놓았다. 통일신라시대 후기의 것으로 추측되며 여기저기 부서진 부분이 드러나 있지만 그래도 의연한 태도로 꿋꿋이 서 있었다.

만옥정 공원에서 가장 유명한 것은 신라 진흥왕 척경비였다.

물론 공원에는 기타 척화비와 유엔참전 기념탑 등도 있었지만 말이다. 신라 진흥왕 척경비는 원래 화왕산 기슭에서 1924년에 발견되어 이곳으로 옮겨졌다. 비문은 총 27행으로 구성되어 있으며 비문 전반부는 심하게 닳아 있어 판독하기 어려운 상태고 후반부는 명확하게 읽어낼 수 있다고 했지

퇴촌 3층 석탑(좌). 창녕 진흥왕 척경비 전면 모습. 국보 제33호(우).

척경비가 있는 4각 누각. 이것이 교동(송현동) 고분군에서 멀리 팔각정처럼 보였던 것이었다. 하여간 모르면 확인해봐야지 대충 지레짐작하고 말았다.

만 내 눈에는 잘 안 보였다. 이 척경비가 4각의 누각에 있었는데 이것이 교동 (송현동) 고분군에서 멀리 팔각정처럼 보였던 것이었다. 하여간 모르면 확인해 봐야지 대충 지레짐작해버리고 말았었다. 괜히 고분군 타령만 했으니⋯⋯.

나와 아내는 만옥정을 나와 술정리 동3층 석탑을 향했다. 차라리 큰길로 나왔으면 이정표가 있어 쉬웠을 텐데 지도만 믿고 공연히 복잡한 시장길을 헤맸다.

술정리 동3층 석탑은 면과 선의 입체적 조화와 세부양식에서 신라 석탑의 일반적 양식을 따랐으며 작품이 장중 명쾌하고 기품이 있었다. 나는 처음에 는 술정리 동3층 석탑이라고 해서 리, 동을 의미하는 줄 알았다. 그런데 같은 술정리에 2km 떨어진 곳에 또 탑이 하나 있어 그것을 서탑, 이쪽을 동탑이 라고 했다는 것이었다. 그 당시는 서탑이 있는 줄도 몰라 가보지 못했다. 안

창녕 술정리 동3층 석탑. 장중 명쾌한 기품이 있었다. 국보 제34호(좌). 약간 늦은 아침 햇살이 빛의 마술사 렘브란트처럼 탑을 만지고 있다(우).

내문만 자세히 읽어보았어도 알 수 있었을 텐데……

내가 설명문을 대충 읽어보자 아내는 왜 대충 읽고 마냐고 핀잔을 했다. 나는 탑의 아름다움에 빠졌기 때문이라고 핑계를 대어봤다. 가까운 곳이니까 또 가면 되겠지. 이 탑은 경주중심의 탑 건립경향이 지방으로 확산하는 과정을 보여주는 한국 석탑의 역사에서 중요한 가치를 지니고 있다고 했다. 약간 틀어서 보자 늦은 아침의 햇살이 빛의 마술사 렘브란트식의 조명을 넣어주어 탑의 균형미와 아름다움을 더욱 두드러지게 하였다.

요즘 스포츠 선수들도 운동만 잘해서는 부족하다. 상품성이 따라야 스타가 될 수 있는 것과 마찬가지로 탑도 연대가 오래되고 역사성이 있더라도 우선 원형이 어느 정도 유지되면서 상품성(상품성이 이상하면 작품성)이 있어야 유명해지고 같은 국보급에서도 앞서간다. 우선 잘생기고 예쁘고 볼 일이다. 아니면 원형을 잃더라도 천수를 다해야 하는 딱한 안동 신세동 7층 전탑 국보 제16호처럼 가슴을 팍팍 내지르던가……

다음에 간 곳은 칠곡 동명면의 송림사였다. 예전에는 석굴암에 갔다가 내려오는 길에 들르려고 했는데 길을 잘못 파악하여 군위로 넘어가는 바람에 못 갔었다. 송림사는 불사가 한창이었다. 깊은 산 속에 위치 하지 않아서 신도들도 많은 것 같았다.

석가여래, 문수보살, 보현보살 등이 모셔져 있는 송림사 대웅전.

송림사는 친절한 곳이기도 하다. 대웅전에 모셔진 석가여래, 문수보살, 보현보살에 일일이 이름표를 붙여놓았다. 각 목불에 금을 입혔다고 했다. 불교를 많이 접하지 않은 분들께도 쉽게 이해할 수 있도록 하기 위한 배려이리라. 대웅전 왼편에는 명부전이 있었다.

사람이 죽으면 명계에 있는 열 명의 왕에게 생전의 행위에 대해 재판을 받는데 살아있는 유족이 시왕(10명의 왕)에게 제를 올려 죽은 이의 명복을 빌면 죽은 이가 명부에서 헤매지 않고 하루빨리 육도에 전생한다고 한다. 불교의 윤회사상을 바탕으로 하며 49제를 지내는 이유도 여기에 있다고 한다. (중유에서 여러 7일을 보내게 되는데 최대 7일을 7회, 그래서 49제가 됨.) 이것은 지장보살 신앙으로 이어진다. 지장보살은 석가모니가 입멸하여 56억 7천만 년이 경과한 후 미륵보살이 이 세상에 출현할 때까지인 무불시대 동안 일체의 중생을 구제하도록 석가로부터 의뢰받은 보살로서 육도(지옥, 아귀, 축생, 아수라, 인, 천)의 구세주로 신앙되는 대비의 보살이다. 지장보살의 서원은 지옥에서

지옥의 십왕에게 심판받는 죽은 자들의 모습이 벽화로 그려져 있는 명부전

고통받는 중생을 한 사람이라도 빠짐없이 구원하는 것이다. 애초 염라대왕
은 지옥을 관장하는 왕이었으나 불교가 중국으로 들어와 도교의 많은 부분
을 흡수하면서 시왕이라는 개념이 생겼는데 지옥의 주인이 지장보살로 바뀌
고 염라대왕은 시왕 중 5번째 대왕으로 죄인의 혀를 집게로 뽑는 지옥을 관
장하게 된다.

명부전에는 이 지옥의 십왕에게 심판받는 죽은 자들
의 모습이 벽화로 그려져 있었다. 부곡 하와이에 가면 테마파
크에 이 지옥의 십왕들이 죄인을 다루는 모습을 하나하나 재현해놓았다. 왜
그것이 그곳에 있는지 모르겠지만 살았을 때 죄 짓지 말고 잘하라는 것일 것
이다. 살아서 잘하기 어려우면 스티븐 호킹이 이야기했다는 '망가진 컴퓨터
를 위한 사후세계는 없다'를 믿던가. 그런 노래가 있다. 배철수 작사·작곡
조은밴드의 노래.

학교가기 싫은 사람

공부하기 싫은 사람

장사하기 싫은 사람

회사가기 싫은 사람

컴퓨터 망가진 사람(이건 내가 추가했다)

모여라

모여라

대웅전 앞의 5층 전탑은 희귀한 탑이다. 중간에 해체수리를 했다고 하지만 원형이 잘 보존되어 있고 상륜부까지 남아 있다. 탑 보호대도 있고 잘 보호되고 있어서인지 세월의 상처와 슬픔이 덜 느껴지는 것 같았다. 평소 전탑을 본 적이 없던 아내는 그 규모에 놀라워했다.

원형을 잃을지라도 천수를 다해야 하는 딱한 신세동 7층 전탑 국보 16호를 먼저 보았기 때문이리라. 탑이란 것이 부처님이 그곳에 계시다는 것을 알리면 됐지 그렇게 가슴이 먹먹한 아픔을 전할 필요는 없지 않은가? 잘 정돈된 절 송림사가 앞으로 많이 발전할 것이라는 느낌을 받으며 주차장을 떠났다.

송림사 5층 전탑은 보물 제189호이다.

순례길 가는 길에 있는 십자가에 못 박힌 예수상(좌). 순례길 입구에 늘어선 선돌. 무명의 순례자들에 대한 상징으로 느껴졌다. 그들의 믿음은 돌같이 단단했다(우).

다음 행선지는 한티 성지순례 길이다. 언젠가 한 번 가봐야

겠다고 생각하다가 이번 한티 성지순례 길에 들르게 되었다. 1800년대 초반부터 박해를 피해 이곳에 모여 살기 시작한 천주교 신자들이 마을을 이루고 살았는데 천주교의 교리나 사상이 유교 도덕과 기존의 사회규범에 대항하는 사상적 반항이나 이념적 도전이라고 느낀 위정자들에 의해 탄압되었을 뿐 아니라 수십 명의 신도가 몰살당했다고 한다. 당시 순교자로 이름과 생몰이 밝혀진 이도 있었지만 대부분 무명 순교자들이었다. 위정자들은 확신에 차서 어떠한 고난도 두려워하지 않았던 그들이 두려웠을 것이다. 그들의 확신이 어디에서 오는지 헤아리기보다는 막연한 두려움이 위정자들을 잔인하게 만들었을 것이다.

순례길 가는 길에 있는 십자가에 못 박힌 예수상, 얼마 전 언론에 많이 회자되었던 문경 십자가사건. 빗나간 믿음 때문에 벌어진 사건이라고 결론지어졌다는데 그러면 진정한 믿음은 무엇인가.

순례 길을 걸어보았다. 입구에 늘어선 선돌을 보니 무명인들에 대한 상징으로 느껴졌다. 아직 방학철이 아니라 그런지 사람들은 한 명도 없었지만 다녀간 흔적은 많았다.

재차 방문 시 다시 본 석굴과 부처상(좌). 석굴에 가기 전, 연못 앞에 세워진 비로자나불이 눈에 띄었다. 어디서 모셔온 분일까. 비로전을 지척에 두고 연못가에서 세월의 풍상을 이겨내고 있는 모습이 안쓰럽기도 했다(우).

　순례 1길, 2길······ 돌아 다시 도로로 내려오는 길에 훅하고 한줄기 시원한 바람이 불었다. 한티재를 넘어오다가 또 한 번의 아내를 위한 서비스, 지난번에 갔던 제2석굴암에 잠시 들렀다. 지난번에 길을 몰라 대구시 전통문화연구원 앞으로 돌아서 석굴 쪽으로 갔는데 이번엔 직접 석굴 쪽으로 먼저 갔다. 다시 보는 석굴과 석굴에 계신 부처님 모습이 달리 보였다. 그동안 절들을 여러 곳 찾은 덕분에 나의 내공이 쌓였기 때문일까.

　석굴 가기 전 연못 앞에 세워진 비로자나불, 전에는 눈에 안 띄었는데 이번엔 눈에 띄었다. 비로전을 곁에 두고 연못가에서 세월의 풍상을 이겨내고 있는 모습이 한편으론 안쓰럽기도 했다.

　석굴 곁으로 흐르는 시냇물도 제법 맑아졌다. 저번에는 흐렸는데 말이다. 이 모든 것이 그저 내 마음에 그렇게 비쳐지고 있기 때문일까? 우리는 다시 5번 국도를 따랐다. 안동 시내를 우회하여 안동 북쪽 외곽에 있는 이천동 석불상으로 갔다. 주말이라도 사람은 없었다. 석불상은 멀리서부터 보였다. 두 번째 오니까 모두 달라 보였다. 앞으로 기회가 많지는 않겠지만 근처에 오면 반드시 들려야 할 몇 곳이 생겼다. 소수서원을 향해 서둘러 발길을 돌렸다.

무너진 유학을 다시 세운
소수서원을 찾아

영주입구에서 5번 국도를 벗어나 36번 국도로 가다가 935번 지방도
로를 따랐다. 그냥 따라갔으면 부석사 → 소수서원의 코스가 되었을
텐데 중간에 나타난 팻말 '소수서원 방향' 표시에 현혹되어 좌회전
하는 바람에 931번 국도로 옮겨 타게 되었다. 시간은 4시에 가까워지
고 어차피 가는 길목이기도 했지만 절보다는 서원이 빨리 닫을지 모
른다는 생각에 소수서원을 먼저 가기로 했다.

소수서원으로 가는 길의 산세가 특이했다. 주변의 산세와 달리 뾰족한 쌍봉
을 가진 특이한 형상에 끌려 계속 지켜봤는데 이발을 그렇게 해놓은 것이 분
명했다. 산 아래로 기와집 몇 채가 지어지고 있었다.

소수서원에 도착하여 매표소에서 솔 숲길을 조금 걸어 들어갔다. 걷다 보니 왼편에 절이 있었음을 알리는 당간지주가 보였다. 이 소수서원이 통일신라시대에 지어진 숙수사라는 절터에 지어진 것이었다.

단종의 유배지였던 이곳 영주. 여기서 충의를 세우려던 사대부와 단종(금성대군)은 정치보복으로 목숨을 잃게 되며 그 모반의 장소로 지목되었던 숙수사는 이렇게 당간지주만 남기고 폐사되었다. 그후 90여 년 뒤 풍기군수로 부임하였던 주세붕이 이곳에 우리나라의 첫 번째 성리학자라고 할 수 있는 안향 선생을 제사지내는 사당과 백운동서원을 세웠다. 그 뒤 퇴계 이황 때 명종 임금이 직접 쓴 글씨로 '소수서원'이라는 현판을 받게 되며 이것으로 소수서원

소수서원 입구에 있는 숙수사 당간지주. 애초 이곳에는 통일신라시대에 세워진 숙수사라는 절이 있었다. 출토된 유물이나 유적을 보면 인근 부석사 못지않은 큰절이었음을 알 수 있으며 이 서원은 절터에 세워진 것이었다. 절터에 집을 지은 것으로는 안동 신세동 7층 전탑 옆에 고성이씨 탑종파 종택이 있었고, 또 여기에서 보게 되었다.

은 우리나라 최초의 사액서원이 되었다.

안동에서 탑을 보며 느꼈던 것이지만 기복적이고 주술적인 요소를 많이 가지고 있는 다른 종교의 터에 다시 집이나 서원을 짓는다는 것은 '숭유억불'의 의미만은 아닐 것이며, 자신의 확고한 신념에 의해서 비롯되었다고 생각하고 싶다. 그러나 그런 자기확신으로 남의 믿음을 함부로 무시해도 되는 것인지, 그렇게 확신만으로 해야 할 일 같지는 않다.

소수서원의 '소수紹修'란 무너진 유학을 다시 이어 닦게 한다는 뜻. 소수서원은 학문의 중흥이라는 큰 임무를 띠고 탄생하게 되었다. 왜 당시 유학이 무너졌다고 했을까. 조선 초기를 지나면서 왕들의 실정, 반정, 파당을 이루어 비현실적인 문제를 중심으로 한 권력투쟁 등이 정사를 어지럽히고 국력을 과다하게 소모하는 현실을 두고 유학이 무너졌다고 했을까? 유학이 철학이고 그 신념이 종교적인 것으로까지 승화되었다면 이것만으로 백성을 다스릴 수 있었을까? 발전적 형태로 철학을 가지고 세상을 다스릴 수 있는 구체적 도구를 만들고 이것을 깊이 있게 연구할 수는 없었을까? 형이상학의 세계와 하학의 세계를 이어주는 구체적 길을 찾을 수는 없었을까? 조선 후기로 오면서 실학이라는 것이 나왔다고는 하지만 거리의 간극은 쉽게 메워지지 않은 것 같다. 인간의 본성과 삶의 목적 같은 것에 대한 사유는 인류가 탄생한 이후로 끝없이 계속되어왔고 되어갈 것이다. 자신의 신념을 현실세계에 반영하기 위해서는 구체적 도구가 필요하다. 이것은 철학의 아래쪽 개념인 과학인 것이고 사유의 방향을 좀더 과학적으로 담아냈으면 어땠을까 생각해본다. 소수서원이 세워지고 다음 세대로 이어지는 몇 세대 동안 혹독한 외세의 침입을 겪었다. 그리고 또 몇 세대 후 우리는 또 다른 참담한 외세의 침입을 겪어야만 했다.

논어에 나오는 공자님의 한 말씀.

학이불사學而不思면 즉망則罔이오
사이불학思而不學이면 즉태則殆로다.

안향 선생은 고려 말엽의 학자로서 관료생활도 하였으나 주희의 학문을 좋아하였으며 주희의 학문적 전통을 계승하려 노력하였고 관직에서 물러나서는 후학을 양성하는 데 주력하였다고 한다.

이날은 어느 수도권 초등학교에서 단체로 '숙박체험'을 위해 방문하여서 (토요일이었으므로 체험의 첫날로 생각되는데) 아이들과 이들을 따라온 학부형과 선생님들로 많이 붐볐다. 몰려다니는 아이들 특성 덕에 그래도 잠깐씩 짬이 있었다.

갑자기 조용해진 소수서원 입구. 외삼문에는 현판이 없었는데, 여기에는 원래 서원이름인 백운동 현판이 걸린 강학당도 보고, 강학당 내부 깊숙이 걸린 '소수서원'의 사액도 보았다. 애초 서원의 이름이었던 백운동의 현판이

강학당 건물(좌). 강학당 내부 깊숙이 걸려 있는 '소수서원'의 사액(1550년, 명종 5년)

입구에 걸려 있고 당시 풍기군수 이황의 요청에 의해 명종 5년(1550년)에 받았다는 '소수서원'이라는 사액은 내부 깊숙한 곳에 걸려 있었다.

이곳 소수서원은 선비촌, 박물관과 연결되어 있다.

규모도 상당히 크고 넓어 볼 것도 참 많았다. 소수서원과 선비촌 사이의 숲길에 어느 여류시인의 개인 시, 사진전시회를 하고 있었다. 다음 일정을 부석사

소수서원에 비해 충효교육관이 너무 화려했다. 교육관 내에 사무실도 있다. 안에는 그렇더라도 밖은 소박하게 했으면 좋았을 텐데……

선비촌 내부의 어느 골목길(좌). 선비촌의 어느 골목길로 솟을대문이 유난히 눈에 띄는 골목길. 앞의
초가집과 대조를 이룬다(우).

로 잡고 있던 과객의 마음은 그것들을 하나하나 읽어나갈 수 없었다.

선비촌, 하회마을과는 사뭇 다른 분위기의 전통 한옥마을이었다. 하회마을
은 사람들이 살고 있고 자율적 분위기가 느껴지는데 이곳은 어쩐지 의도적으
로 기획, 관리되고 있는 인상을 주었다.

이곳이 명품 코너가 많이 들어 있는 유명 백화점 같은 느낌이라면 하회마
을은 잘 정리 정돈된 재래시장 같다고나 할까. 어느 쪽이 좋다는 것이 아니라
느낌이 그랬다. 선비촌의 초입에는 조선시대 중산층의 전형적인 모습이라고
적혀 있었는데 중산층이라는 계층의 정확한 의미를 잘 모르겠다. 신분상의
의미인지 재산상의 의미인지를……

소수서원과 선비촌 사이의 숲길에 어느 여류시인의 개인 시,
사진 전시회.

김상진 가옥은 1900년도쯤 건축된 것이란다. 처음 가옥
에 발을 딛는 순간 깔끔하고 산뜻한 느낌을 받았다. 앞에서 이야기한 소위 일
류라는 백화점같이 느꼈다고 한 것은 잘 정리된 골목길(골목길이라고 하기에는
어울리지 않지만 집 사이의 길이라는 의미에서)을 봐서 그랬을 것이다. 노면의 상
태, 배수로, 집에 어울리는 담장 등등, 지은 지 300여 년 되었다는 만죽재. 사
랑채의 툇마루는 그 집안사람들의 격을 말해주는 듯했다.

김상진 가옥.

지은 지 300여 년 되었다는 만죽재의 전면 모습.

장미넝쿨을 담장으로 삼고 있는 어느 초가집.

긴 초여름 날에 일 안 하고 저렇게 서 있는 것도 지겹겠다.

돌아 나오는 길에 있던 장미꽃넝쿨 우거진 담장을 가지고 있는 어느 초가
집. '비둘기처럼 다정한 사람들이라면 장미꽃넝쿨 우거진 그런 집을 지어
요.' 이런 작고 예쁜 초가집이라면 늙은 비둘기들에게도 어울릴 것 같았다.

오다 가다 보이는 장터에 소 한 마리가 빈 수레를 메고 서 있었다. 오다가
다 보이는 것을 보면 하루종일 저러고 있었던 듯싶은데, 긴 초여름 날에 일

물레방앗간(좌). 선비촌 건너편으로 보이는 선비문화수련원(우).

안 하고 저러고 있기도 쉽지 않겠다는 생각이 들었다.

못 보고 스쳤던 물레방앗간도 챙겨보고서 선비촌 출입구를 나왔다. 건너편으로 보이는 선비문화수련원, 선비문화를 수련하는 곳이라는데 내용이 궁금하기도 했지만, 오늘은 여기까지! 주차해둔 소수서원 쪽으로 돌아갔다.

소수서원 입구, 죽계천 건너편의 만취대 쪽으로 갔다.

아까는 '숙박체험' 아이들이 많았는데 우, 몰려 다른 쪽으로 갔다. 선생님의 설명을 열심히 듣고 있던 아이들, 앞으로 살아가면서 좋은 기회였다고 생각할 수 있기를 바랐다.

퇴계 이황 선생이 산 기운과 죽계천 맑은 물에 취해서 시를 짓고 풍류를 즐기라는 뜻에서 '취한대'라고 이름 지었다고 한다. 솔직히 말해서 가야금과 장구 그리고 창 하는 사람 한 분 모시고 술 한잔 걸치면 시가 절로 나오게도 생겼다. 공부하다가 기분전환도 필요하지 않았을까.

취한대 오른편 물가에 바위를 보면 '백운동' 그 아래로 '경敬' 자가 새겨진 바위가 있었다. 백운동은 퇴계 이황 선생의 글씨이고 붉은 경자는 신재 주세붕 선생의 글씨라고 전해온다는데(물론 다른 설도 있지만) 바뀐 것도 같다. 백

소수서원 정문 하천(죽계천) 건너 맞은편에 있는 취한대.

운동서원을 먼저 세운 분이 신재 주세붕 선
생이고 나중에 사액서원으로 키운 분이 퇴
계 이황 선생이고 보면 말이다. 신재의 글
에 '경' 자에 대한 이야기가 나온다고는 하
지만.

'경' 자는 유교의 근본사상인 경천애인敬
天愛人의 머리글자라고 했다. 먼저 새겼다
는 '경' 자가 수면에 가까이 있는 것을 보면
물에 잠겼다가 나왔다 하게 해서 한결같지

취한대 옆 물가의 바위에 새겨진 '백운동' '경'

못한 인간의 마음을 비유한 것은 아닐까? 누구도 못 보게 겸연쩍게 혼자 웃
어보았다. 하늘을 보니 어느새 해가 많이 기울었다. 부석사로 가려면 길을 재
촉해야 했다.

한국 화엄종의 근본 도량,
부석사를 돌아보며

부석사는 한국 화엄종*의 근본 도량이다. 의상대사가 세우고 무학대사
가 중수하였다. 큰 절이라 주차장은 아주 넓었다. 일부 방학을 시작한
대학교도 있지만 본격적인 시즌이 되려면 다음 달이나 되어야 할 터여
서, 또 오후 4시에서 5시로 향하는 시간 덕에 더 한산했다. 일주문까지
는 먼 거리는 아니었지만 상당히 가팔랐다. 평지를 걷는 것은 좋아하지
만 산길은 별로다. 아무 생각을 할 수 없도록 몸 전체를 가동해야만 하
기 때문이다.

일주문.(태백산이라고 했다가 안으로 들어가면 또 봉황산이라고 한다. 이랬다
가 저랬다가…… 태백산 줄기이면서 별칭이 봉황산이겠지. 통 크고 유명한 것
좋아하는 사람은 태백산이라고 하겠고, 작더라고 예쁘고 귀한 것을 좋아하는
사람은 봉황산이라고 했을 거다.) 제대로 된 일주문을 오랜만에 보았다.

태백산(봉황산) 부석사 일주문의 전경.

156

일심으로 진리를 향한다는 의미에서 일주만으로 문을 만들었단다. 그러나 무거운 지붕을 이고 있느라 기둥보완을 여러 가지로 해놓았다. 의미로서만 보면 좋겠는데, 일심으로 진리를 향한다는 것은 역시 힘든 일인가 보다. 다리가 후들거리는 일이고……

지붕을 이고 있느라 기둥보완을 여러 가지로 해놓고 있는 일주문.

부석사 당간지주.

일주문을 지나서 있는 부석사 당간지주. 그 폭을 봐서 상당히 두껍고 높은 당간이 세워져 있었을 것이다. 절터만 남아 있던 곳에 외로이 남은 당간지주는 양팔 사이에

화엄종 화엄경을 근본경전으로 하며 천태종과 함께 중국불교의 쌍벽을 이룬다. 한국에서는 화엄사상을 신라의 원효-의상 등이 크게 선양하였는데 특히 의상은 부석사를 창건하여 화엄의 종지를 널리 편 이래 해동화엄종을 개창한 사람으로 숭앙되고 있다. 통일신라 말 화엄학은 부석사를 중심으로 한 희랑과 화엄사를 중심으로 한 관혜와 북악-남악의 두 파로 갈라져 논쟁이 치열하였다. 화엄종의 특색은 법계 연기론에서 이사무애법계와 사사무애법계(이사理事고, 사사事事임)를 주장하는 것이다. 이(理: 본체, 근본)와 사(事: 현상)는 서로 장애가 되지 않으며, 사와 사 또한 원융한다고 본다. '하나가 일체요, 일체가 하나'여서 우주 만물이 서로 융통하고 화해하며 무한하고 끝없는 조화를 이룬다. 일체의 천지 만물을 비로자나불의 현현으로 보며 불타의 깨달음의 경지에서 전 우주를 절대적으로 긍정하는 통일적 입장에 서 있다. (다른 종도 알아보려 했지만 화엄종 부석사니까 여기까지만.)

절 입구에 있는 천왕문.

어두운 슬픔을 끼고 있는 듯 하지만 이곳 지주는 의연해 보였다. 조금 전 보고 온 숙수사지 당간지주처럼 지주만 있기로는 매한가지라 하더라도……

실제의 절 입구는 천왕문이었다. 천왕문은 보통 절의 일주문

과 불이문 사이에 있다. 불이문은 진리는 둘이 아니라는 뜻이며 수미산 정상에 들어서는 문으로 이것을 통과하면 바로 도리천에 도달한다. 절마다 다른 이름을 붙이기도 하며 불국사의 불이문은 '지하문'이라고 하고 다리의 계단도 33계단으로 곧 도리천의 33천을 의미한다고 할 수 있다. 천왕문의 가장 큰 의미는 수행자의 마음속에 깃든 번뇌와 좌절을 없애 한마음으로 정진할 것을 강조하는 것이라 할 수 있다.

서쪽을 지키는 광목천왕은 용과 비바사라는 신을 거느리며 몸이 흰빛이고 붉은 관을 쓰고 있으며 손에는 삼지창과 보탑을 들고 있다. 웅변으로 나쁜 이야기를 물리친다는 것을 위해 입을 벌리고 있어야 하는데 여기 부석사의 광목천왕은 입을 다물고 있다. 사천왕 중 유일하게 입을 벌리고 있는 왕은 북쪽을 지키는 다문천왕 뿐이다. 그래 얼굴이 저렇게 생긴 다음에야 입을 벌려 나쁜 것들을 물리치겠지.

북쪽을 지키는 다문천왕

서쪽을 지키는 광목천왕

동쪽을 지키는 지국천왕

남쪽을 지키는 증장천왕

동쪽의 지국천왕은 지국천을 다스리며 동쪽 세계를 지킨다. 온몸에 오행색인 청띠를 두르고 있고 왼손에는 칼을 쥐었으며 오른손은 주먹을 쥐어 허리에 붙이거나 손바닥에 보석을 올려놓은 모습인데 부석사의 지국천왕은 오른손에 칼을 쥐고 있고 왼손에 칼날을 잡고 있다. 이편이 자연스러운 것 같다. 왼손잡이가 아니라면.

북쪽을 지키는 다문천왕은 그 부하로 야차와 나찰을 거느린다. 다문천왕의 몸은 검은빛을 띠며 비파를 잡고 줄을 튕기고 있다. 부석사의 사천왕은 먼지가 앉아서 전부 검은 빛을 띠고 있어서 구분이 어렵지만 유일하게 입을 벌리고 있다. 비파를 들고 노래하는 것으로 생각하면 그것도 자연스럽다.

천왕문을 지나서 만난 쌍탑. 양쪽을 지키고 있는 것 같아 든든한 느낌이 들었다.

남쪽을 지키는 중장천왕은 구반다와 폐려다 라고 불리는 신을 거느리고 있으며 붉은빛을 띤 몸에 화난 눈을 가지고 있고 오른손에 용, 왼손 에는 용의 입에서 뺀 여의주를 쥐고 있다.

천왕문을 지나자 지금 공사 중인 곳이 있었다. 석축과 계단을 보완 또는 개조하는 중이었는데 우회(문자 그대로 우측으로 돌았다.)하여 원래 길로 오면서 나란히 서 있는 3층 석탑을 만났다.

'통일신라 후기 3층 석탑으로 쌍탑의 크기가 거의 같다. 부석사에서 200여 미터 떨어져 있는 곳에 있었는데 1966년 이곳으로 옮겨놓았다. 상륜부는 없어져서 뒤에 보충 한 것이다.'

쌍탑을 지나 만난 건물은 (구)범종각이다. 보통의 범종각은 불이문을 지나 사찰 경내에 들어서면 법당 앞에 있는 것이 보통이지만 부석 사 범종각(옛날)은 해탈문인 안양루 아래에 있었다. 이 범종각은 측면으로 지 어져 있는 것이 특징이라고 했는데 부석사는 동쪽을 향하는 것이 많은 것도 특징이라고 생각했다.

(구) 범종각을 동쪽에서 본 모습. 범종각 안에는 북이 있었다. (범곡가이라 고 불리는지도 모르겠다.)

이 범종각은 측면으로 지어져 있는 것이 특징이다(좌). 신 범종각. 종은 이곳에 있었다(우).

범종각이 그랬고 무량수전 안의 아미타여래도 그랬고 무량수전의 3층 석탑도 무량수전의 동쪽에 있었다. 여기서 이야기하는 것은 구 범종각이며 당시 이곳에는 북이 있었다. 신 범종각은 사진의 왼쪽에 새로 지어져 종은 그곳에 있었다. 구 범종각이 오래된 목조건물로 종의 무게가 부담되었을 것이라고 혼자 추측했다.

드디어 안양문(루)에 도착했다. 하나의 건물에 누각과 문의 이중기능을 부여하며 건물 전면에는 안양루, 뒷면에는 안양문 현판이 걸려 있었다. 이곳을 통과하면 극락전(무량수전)에 도달하고 극락을 지배하고 계신 아미타여래를 뵙게 되는 것이다. 안양이라는 말은 극락의 다른 말이다.

안양루(안양문).

무량수전, 앞의 석등.

안양문을 통과하니 조촐하지만, 다소곳이 서 있는 석등이 있었다. 이 석등이 국보 제17호로 높이는 2.97m, 8각을 기본으로 하여 화강암으로 만들었으며 통일신라시대에 만들어졌다고 했다. 화려하고 아름다운 모습으로 신라시대의 석등 가운데 최고를 꼽는다. 그래도 국보 17호는 너무한 것 아닌가 속으로 생각했다.

그 앞의 무량수전(국보 제18호)을 봤다. 한복을 곱게 차려입고 허리춤을 동여매어 몸매를 한껏 뽐내는 젊은 아낙네가 이처럼 예쁠까.

구도를 잘 잡고 셔터를 찰칵! 그런데 이게 웬일인가, 배터리가 다 되었다는 시그널과 함께 화면이 사라지는 것 아닌가. 이때 이런 생각이 머리를 스쳤다. '무량수전이 뿔났다.'

우리나라 최고의 목조건물이 무량수전에서 봉정사 극락전으로 바뀌었음을 처음 알았다. 그 후 만나는 사람마다 이야기할 때 내가 알게 된 사실을 떠들었다. 내 또래의 사람들은 대부분 부석사 무량수전이 우리나라 최고의 목조건물이라고 알고 있게 마련이었기 때문에 내 작은 발견에 대해 자랑스럽게 이야기했다. 점잖고 아름다우신 우리의 무량수전도 화를 내시는 것 같았다. 충전을 확인하고 가져온 카메라가 하루도 안 되어 전부 소모될 줄은 정말 몰랐다. 내일 일정도 있는데…… 그것도 하필 부석사의 하이라이트라고 할 수 있는 무량수전 앞에서 이런 일이 발생하다니. 다음에 또 오너라, 그리고 자세히 보아라, 비교하지 말고 하나하나

무량수전. 서쪽에서 비스듬히 본 모습(상). 무량수전. 동쪽에서 비스듬히 바라본 모습(하).

마음에 새겨라, 이렇게 명하는 것 같았다. 다음에 다시 오겠다고 마음속으로 약속했다.

그런데 그 약속이 일주일 만에 이루어지게 되었다. 당초에는 다른 일정이 잡혀 있었는데 몇 가지 일련의 일들로 취소되었고, 다시 부석사로 향할 수 있었다. 부석사를 찍은 사진 중 몇 장은 나중에 찍은 것인데 (무량수전을 포함해서) 따로 이야기하면 복잡해지니까 그래서 여기에다가 합쳤다. 어쨌든 그렇게, 무량수전은 내게 또 다른 의미로 다가왔다.

국보 제18호. 부석사 주불전에 모셔 있는 아미타여래. 무량수라는 말이 끝없는 지혜와 수명을 지녔다는 의미로 아미타여래를 이를 때 무량수불이라고도 하며 극락전의 다른 말이기도 하다. 외·내부 건축방법이나 장식에 대해서는 전문가들이 주석을 달아놓은 자료가 많으니까(인터넷에) 일일이 기록할 필요가 없겠지만 내부 서쪽에는 불단과 화려한 닷집을 만들어 고려시대에 조성한 소조 아미타여래좌상(국보 제45호)을 모셨다. 협시보살 없이 독존으로만 동향하도록 모신 점이 특이한데 교리를 철저히 따른 관념적인 구상이라 하겠다. 그렇지만 불상을 도향으로 배치하고 내부 열주를 통하여 이를 바라보도록 함으로써 일반적인 불전에서는 느낄 수 없는 장엄하고 깊이감 있는 공간이 만들어졌다. 진입하는 정면 쪽으로 불상을 모시는 우리나라 전통건축에서는 매우 드문 해결방식으로 여기서 집을 만든 대목의 뛰어난 감각을 느낄 수 있다.

원래의 무량수전 내부바닥은 푸른 유약을 바른 녹유전을 깔아서 매우 화려했다고 한다. 아미타경을 보면 극락세계의 바닥은 유리로 되어 있다고 하는데 녹유전은 이러한 장엄한 이상세계를 표현하기 위한 장엄 구도의 하나였던 것이다. 무량수전 정면 중앙 칸에 걸린 편액은 고려 공민왕의 글씨라고 한다.

무량수전 앞에 한참을 머물렀다. 서쪽에서도 보고 동쪽에서도 보고 뒤에도 가봤다. 무량수전 앞에서 보이는 부석사 전경, 멀리보이는 산들, 저 멀리 보이는 산들을 그리면 앞에 보이는 것은 진경산수로, 멀리보이는 것은 관념 산수로 이해될 듯싶었다. 그래도 모두 현실인 것을. 가물가물 보여도, 실제 있을 것 같지도 않은 희미한 선처럼 보여도 실제 존재하는 것이거늘…….

무량수전 서쪽에 있는 부석에 이런 글이 있었다.

"의상대사가 당나라로 가다가 선묘라는 아가씨를 만났는데 선묘가
그를 사모하여 결혼하기를 바랐다. 그러나 의상은 오히려 그녀를 감

무량수전 옆. 한쪽 끝에서 내려다본 부석사 전경(좌). 무량수전 서쪽에 있는 부석. 부석사 이름은 이 부석에서 연유하였다고 한다(우).

화시켰고 그 뒤 선묘는 의상을 보호하기 위해서 용이 되었다. 의상이 봉황산에 절을 지으려는데 도둑떼 때문에 어려움을 겪자 용으로 변한 선묘가 커다란 바위로 변해 공중에 떠서 도둑떼를 위협함으로써 그들을 모두 몰아낼 수 있었다. 의상이 절 이름을 부석이라고 한 것은 이것에 연유한다고 한다.”

무량수전 동편에 있는 3층 석탑은 보물 제 248호이다. 사실 아미타여래가 이쪽을 보고 계시므로 동편이라고 하기는 그렇지만 통일 신라시대에 세워진 것으로 추정된다. 1960년 해체 수리할 때 3층 탑신 중앙에 얕은 사리공이 있었으나 사리장치는 없고 기단부에서 철제탑, 불상 조각, 구슬 등이 발견되었다. 신라 석탑의 전형을 따랐으니 탑신부 각부에 비례해서 높이에 비해 너비가 넓어 둔중한 감

무량수전 동편에 있는 3층 석탑(보물 249호).

이 있지만 건실한 체감, 비례를 보여 장중한 느낌을 준다.

탑 앞에 앉아 계시던 어느 남성분이 가만히 앉아서 일어나질 않았다. 정면에서 사진 한 장을 취하려고 기다리고 기다렸다. 덕분에 몇 번 탑돌이를 하였

165

삼성각으로 칠성, 산신, 독성이 삼성에 모셔져 있다.

지만 그대로였다. 어쩔 수 없었다. "그래도 한쪽으로 무량수전이 잡혀 의미
가 있겠다." 하는 수밖에 도리가 없었다. 돌아올 때는 지난번 왔을 때 안 가본
무량수전의 서쪽으로 내려가는 길을 택했다.

'삼성각'은 고래의 토속신앙이 불교와 합쳐지며 생긴 신앙의 한 형태.

우리나라에 불교가 전래하여 토착화하면서 토속신앙
과 합쳐지게 되었는데 삼성각이 대표적인 유형을 하고 있다. 이곳 부석사 삼
성각에는 칠성, 독성, 산신의 세 분이 모셔 있지만 원래 축화전이라 불렸으며
영조 때 대비의 원당으로 지었다. 1979년까지는 원각전이라 하여 목조의 아
미타여래좌상을 모셨다고 전해진다.

> "칠성은 도교의 북두칠성이 불교화한 것으로 수명장생을 주관하는
> 별이고, 대개는 손에 금륜을 든 치성광여래를 주존으로 하여 일광보
> 살과 월광보살을 좌우 협시로 둔다.
> 산신은 우리 민족 고유의 산악신앙의 토속 신으로 만사형통(한동안 정
> 치권에서 많이 회자되었던 말을 떠올리게 하지만)을 주관하는 신이며 인격

부석사의 서쪽으로 내려오는 길에서 본 부석사의 모습.

신과 화신의 형태를 띠는데 인격신으로서의 산신은 나이 든 도사의
모습이고 화신으로는 호랑이로 나타나는데 산에 위치한 절의 특성을
나타냈다.

독성은 천태산에서 홀로 선정을 닦아 독성, 독수성이라 불린 나반존
자를 일컫는다. 대부분의 사찰에서는 수독성탱, 나반존자도를 모신
다. 그림은 천태산과 소나무, 구름 등을 배경으로 희고 긴 눈썹을 드리
운 비구가 오른쪽에는 석장을 왼손에는 염주 또는 불로초를 들고 반
석에 정좌한 모습이다. 때로는 독성 외에 차를 다리는 동자가 등장하
기도 하고 동자와 문신이 협시하는 수도 있다. 삼성은 전부 불교 밖에
서 수용한 신이기 때문에 전이라 하지 않고 각이라고 한다."

삼성각을 지나 오른편으로(서쪽) 내려오는 길에서 보는 부석사는 또 다른
모습을 보여주었다. 이렇게 한곳에 들어갔다가 나오면 늘 무엇인가 놓고 오
는 기분이 든다. 혹시 잊어버리고 나온 것은 아닌가? 가방도 뒤져보고 호주
머니를 뒤져도 봤다. 부석사를 나서면서도 예외는 아니었다. 아니 더 심했다.

부석사에서 나와, 풍기온천에 들렀는데 예상보다 좋았다.

옛날을 떠올리게 하는 신작로 가로
수길(1). 5번 국도 표지판도 6월의
햇살을 피해 시원한 나무 밑에 있
었다(2). 이어서 갈림길. 좌측은 희
방사까지 가는 우회도로이고 우측
은 희방폭포를 경유하여 희방사로
가는 등산로(3).영남 제1의 폭포라
는 희방폭포, 유량이 많지 않아 웅
장한 자태는 아니더라도 의연함을
잃지는 않은 것 같았다(4).

온천 철이 아니라 그랬는지 썩 좋다는 생각을
못했다. 아직 주변 조성을 하고 있는 중이라 어수
선하기는 했지만.

풍기시내로 나왔을 땐 완전히 어두워졌다. 관광
호텔이 영주에는 없고 풍기에 있다고 해서 찾았
다. 적은 인구의 이곳에서 관광호텔 사업을 한다
는 것은 사명감 없이는 힘들겠다는 생각이 들었
다. 부디 힘내시어 관광영주·관광풍기가 이룩되
기를 기원하겠습니다.

다음 날 아침, 희방사를 향하다 풍기외곽에서 마주친 예스러운 길. 옛

날에는 지방에서 흔히 볼 수 있었던 신작로 길가
의 가로수. 차에서 내려 잠시 서성거려 보았다.

희방사 가는 길의 주차장은 2.5km 정도의 거리
에 있었다. 원래 희방계곡을 따라 걸으면 3~4시
간 소요되나 희방사 매표소까지 차량 통행이 가능
하며 이곳에서는 2.5km정도 남겨놓게 된다. 비
록 산길이라도 1시간이면 오를 수 있는 거리였다.
입구의 산책로도 걸어보고 여유를 부렸다.

이윽고 산길에 들어서더니 갈림길이 나왔다. 좌
측은 희방사까지 가는 우회도로이고 우측은 희방
폭포를 경유하여 희방사로 가는 등산로였다. 그
곳의 안내표지판에 다음과 같이 써 있었다. '희방

폭포까지 갈 수 있지만 등산로 보수관계로 그 이후는 폐쇄되었으니 우회도로를 이용하시라' 여기서 2.5km라는 것은 등산로의 거리였다.

어쨌든 나와 아내는 희방폭포로 갔다. 해발 700m고지에 있으며 영남 제1의 폭포라는 희방폭포. 유량이 많지는 않으나 웅장한 자태는 아니더라도 의연함을 잃지 않고 있었다.

그 뒤로는 공사 중. 조금 전 지난 삼거리로 되돌아와 우회도로로 갔다. 이 도로는 희방사까지 가는 차량 통행도로였다. 그냥 우회가 아니라 (우회)³ X (좌회)³ 정도 되는 도로였다. 가볍게 봤다가 혼났다. 우여곡절 끝에 도착한 희방사. 절 앞에서부터 차례차례 들어가야 하는데 우회도로로 들어가다 보니 진도를 못 따라잡은 전학생처럼 조금 우왕좌왕했다.

우회도로 입구에서도 보았던 삼성각, 대웅보전, 비로전도 보았다. 희방사에 있는 동종은 영조 18년(1742년)에 주조된 충청북도 단양에 있는 대흥사에 있던 것으로 비교적 안정감이 있고, 조선후기 범종의 한 유형인 혼합형식의 종으로 전통적이 수법에 외래요소인 쌍룡의 용뉴와 띠장식이 합해져 있다는데 놓쳤다. 뭐늘 하나씩은 놓치고 있다.

우회도로를 통해 도착한 희방사를 우회도로 측에서 본 모습(1). 희방사 삼성각(2).희방사 대웅보전(3). 희방사 비로전(4).

소백산역.

소백산역 풍경.

소백산역(희방사). 여기서 희방사까지 걸어가려면 족히 4~5시간은 걸린다. 그래도 희방사에서 제일 가까운 것만은 분명하다. 당초 간이역이었던 것이 보통 역으로 바뀌었다고 한다. 들어가 본 역사의 내부는 소박하고 깨끗이 정돈되어 있었다.

여기서 다시 풍기온천으로 향했다. 다음에는 다시 영주에서 출발하기로 마음먹으면서 이번 일정은 여기서 마감하기로 했다. 수고했다.

영주에서 '깨달음'이 담긴
조형물들을 찾아헤매다

안동을 지나면서 스텝이 많이 엉켰다. 단순히 길을 따라 걷자던 초심이 문화재나 유적, 볼거리에 한눈이 팔려 흩어져버렸다. 숨겨진 이야기들을 알아보기 위해 벌써 책도 여러 권 읽었다. 《대한민국 국보총람》, 《한국의 탑》, 성법스님이 지은 《마음 깨달음 그리고 반야심경》, 《화엄경》 등.

영주 시외버스터미널에 도착하니 벌써 해가 꺾였다. 먼저 찾은 곳이 영주시 가흥리 마애삼존불상이었다. 마애삼존불상 쪽으로 가려다 우연히 마주치게 된 암각화. 어느 부분이 암각이고 어느 부분이 돌에 난 상처인지 알 수가 없었다. 숨은 그림찾기를 한참 해보았지만 결국 포기하고 말았다.

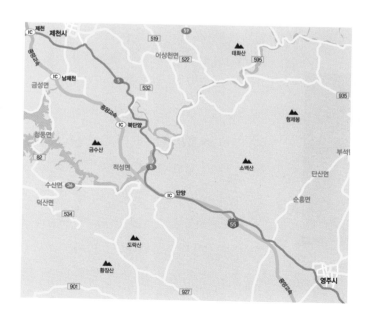

경북 유형문화재 제248호, 영주 가흥리 암각화.

바로 옆에 당초 찾아보고자 했던 마애삼존불이 있었다.

그 왼쪽엔 마애불좌상이 있었다. 이 마애불좌상은 2003년 집중호우 때 바위와 토사가 무너지면서 출토되었다. 이것으로 영주사람들 사이에서는 '부처님의 현신' 같은 일대 센세이션을 일으켰다고 한다.

마애삼존불 보물 제221호. 문화재청의 설명을 요약하면 '이 마애불은 통일신라시대의 조각 흐름을 잘 보여주는 사실주의적 불상으로 높이 평가되고 있다. 중앙 중심이 되는 불상은 상당히 큼직한 체구로 장중한 모습을 보여주고 있다. 큼직한 코, 꽉 다문 입, 팽창된 뺨 등의 활기찬 얼굴 표현과 당당한 어깨, 듬직한 가슴, 손 모습은 시무외인과 여원인을 하고 법의는 양어깨를

가흥리 마애삼존불의 왼쪽에 봉안되어 있는 마애불좌상.

가흥리 마애삼존불.

감싸고 흘러내린 통견의로 장중한 형태를 보여주고 있다. 이와 같은 특징은 두 보살상도 마찬가지다. 생기 있는 얼굴이나 초기적 삼곡자세 등에서 새롭고 사실적인 경향을 엿보게 한다. '바위를 이용한 연꽃과 불꽃 무늬 등을 새긴 광배와 높게 돋을새김을 한 연꽃 좌대 등은 장중한 불상 특징과 잘 조화되어 더욱 듬직한 분위기를 자아내고 있다.'라고 되어 있는데 사실주의적 불상이라고 몇 차례 반복하는 것을 보면 규모면에서도 사람의 크기에 비해 그리 차이가 없는 것 같았다.

마애삼존불 앞으로 낙동강 지류인 내성천(서천)이 흐르고 있었고 그 건너편에 영주 시내가 보였다.

가흥리 마애삼존불상이 있는 곳에서 건너다 본 영주시 모습.

173

영주시 석불입상 보물 제60호, 옆에 있는 석탑에는 별다른 설명이 없었으나 그 일대 어디에서 발굴한 것으로 생각되었다.

영주시 휴천동 선사시대 지석 및 입석. 경상북도 기념물 제24호.

다시 시내로 들어와 휴천동, 노인회관 앞에 자리잡고 있는 '선사시대 지석 및 입석'이 있는 곳으로 갔다. 지석묘와 선돌은 이곳 일대에 먼 조상이 살았음을 알려주는 증거이다. 특히 지석묘와 입상이 함께 있는 것이 참 희귀하다.

그 다음 가고자 했던 곳이 영주리 석불 입상이었는데 정말 어렵게 찾았다. 이 불상은 광배, 불신, 대좌가 같은 돌에 새겨진 보살상으로 1917년 영주시 가흥동 남산들 제방공사 중 발굴하였는데 영주초등학교 앞에 두었다가 지금의 영주도서관 앞

측면에서 가까이 본 모습. 제방공사 중 발굴되어서인지 많이 시달렸던 이력이 표면에 그대로 남아있는 것 같다(좌). 영주시 석불 입상 정면모습(우).

뜰에 옮겨 세웠다고 했다.

보물 제60호인 영주시 석불 입상. 머리는 삼산 보관 면마다 꽃이 장식되었고 눈이 유난히 깊게 패어 있었다. 가흥리 마애삼존불의 눈도 유난히 패어 있는 것을 보면 가흥리에서 비롯된 불상들의 공통점인 것 같다. 귀는 길게 내려 어깨에 닿았고 목에는 삼도를 간략하게 표현해놓았다. 넓적한 얼굴, 굵은 목과 팔, 다리, 투박한 손발, 당당하고 넓은 어깨. 건장한 체구다.

해가 지고 있었다. 영주시외버스터미널. 이곳에서 단양으로 가는 시외버스를 탔다. 상진대교를 건너면 단양역을 만나게 된다. 모든 물줄기는 흘러 낙동강을 이루고, 소백산 죽령을 넘으면 이제부터는 남한

영주시외버스터미널. 구도를 어렵게 잡았는데 '영'자를 이정표가 가로막았다(상). 죽령 넘어 남한강줄기를 따라 걸으면 단양역을 만나게 된다(하).

175

단양역 전경.

단양역 앞에서 바라본 모습.

강이 된다.

단양역. 도심에서 많이 떨어져 있다. 역 앞에는 도담삼봉을

조형화 해놓았다. 멀리 보이는 산은 영화 〈죠스〉에 나오는 상어 입처럼 특이
한 형상을 하고 있었는데 시멘트공장의 광산으로 보였다. 그렇다면 언젠가
저 특이한 형상도 깎여 사라져 버리고 말 테지.

상진대교 중간쯤에서 바라본 단양군 입구. 5번 국도는 여기를 스치고 서북 쪽을 향해 뻗어간다(좌).
단양군 쪽으로 들어가는 길의 정돈된 인도모습(우).

상진대교 위에서 바라본 단양군 전경.

역을 지나 5번 국도를 따라 500m 정도 걸어가자 새로 지어진 다리가 나왔다. 이곳부터는 친절하게도 보행자를 위한 전용보도가 있다.

5번 국도에서 벗어나 단양군 쪽으로 향하는 길은 단양역과 마찬가지로 세심하게 단장되어 있었다. 성진대교 위에서 단양군 전경을 바라보았다. 낙동강은 산을 넘지 못하고 끼고 돌아 하회마을을 만들었다면 남한강은 끼고 돌아 단양을 만들었다. 규모면에서 비교할 바는 못 되었지만 구조가 그렇다는 것이다.

어느 정도 걷다가 뒤돌아본 성진대교는 일반차량이 다니는 4차선 다리와 철도가 다니는 철교가 분리되어 있는데 마치 하나처럼 보였다.

남한강이 꺾이는 초입쯤에 대명콘도가 있고 강가 쪽으로 소금정공원이 있다. 소금정공원에는 남녀의 청동상

단양군으로 들어가는 도로 입구.

단양군으로 가다가 돌아본 성진대교의 모습(1). 단양 대명콘도 앞 소금정공원의 '바보온달과 평강공주상'(2). 소금정공원의 옥소권섭 선생의 시비(3).

남한강변의 정리된 인도 모습(상). 내부에서 본 단양역 역사(하).

이 있다. 나중에 알아보니까 '바보온달과 평강공주'의 상이라고 했다. 그런데 견우직녀인 줄 알았다. 동상만 봐서는 '바보온달과 평강공주'를 유추하기란 보통 감각으로 어림없는 일이다. 옆에는 옥소권섭 선생의 시비가 자리 잡고 있다.

남한강을 따라 산책로를 계속 걸었다. 남한 강변 인도길

은 제법 잘 정리되어 있었다. 강에서는 낚시를 하는 사람들 모습도 보였다. 물이 많이 줄어든 느낌이었다. 이곳에서 나는 단양역으로 이동했다.

여기는 단양시외버스 공용터미널. 역 앞에서 남한강을 내려다보았다. 강변에서 고기를 잡는 낚시꾼들의 모

단양시외버스 공용터미널역 앞에서 내려다 본 남한강.

습이 보였다. 한가롭고 낭만적인 분위기였다. 사진 한 컷으로 그 풍경을 남겼다.

20~30분도 채 안 걸려 제천역에 도착했다. 돌아갈 길을 점검하는데 대구로 가는 기차는 없다고 했다.

제천역 앞쪽으로 난 길을 따라 걸었다. 몇 블록 지나서야 이 길과 교차하는 5번 국도를 만났다. 이정표를 따라 시외버스터미널을 향해 걸었는데 한 바퀴 크게 돌아야 했다.

시외버스터미널은 트랜스포머의 변신로봇형상을 하고 있었다. 산뜻한 내부는 지금까지 다녀본 버스터미널 중에서 단연 최고였다. 어느 유명 디자이너의 작품인

플랫폼으로 제천행 기차가 들어왔다(상). 제천역 전경. 내가 잘못 봤나? 대구 가는 기차가 없다!(하)

트랜스포머의 변신로봇과 같은 형상을 한 제천 시외버스터미널.

제천역에서 똑바로 나온 길과 교
차하는 5번 국도의 제천 관통 길.

가? 다만 주변 정리도 좀 했으면 더 좋았을 텐데,
아쉽긴 했다. 이곳에서 동대구행 버스를 탔다.

　다음엔 단양에서 출발해야 하나? 제천에서?
아무려면 어떤가. 즐거우면 됐지.

고수동굴 찾아
5번 국도로 북상하다

불과 두 달도 안 지났는데 아주 오래된 느낌이다. 6월 중순이 지나면서 행사도 많았고 해외거래선에서 초청도 많았다. 더구나 멀어진 거리로 당일로는 엄두도 못 냈고, 1박이나 2박이라도 도보로는 어림없었다. 여름휴가 첫날 오전에 운동을 마치고 집으로 돌아와 여유롭게 오후를 즐기다 번쩍 눈을 떴다. 오후 5시를 지나고 있었다. 지금이라도 출발하자, 가서 단양 근처 어디에서 자고 아침부터 단양 부근의 못 가본 곳이라도 돌아보자, 물론 차를 타고……

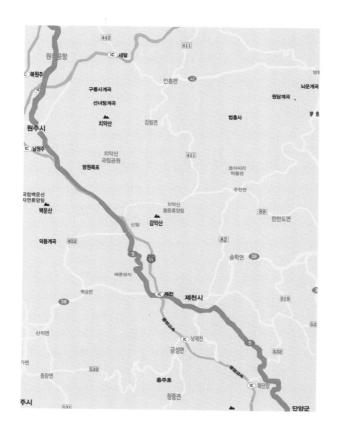

대구까지 가는 길에 어둠이 깔리면서 폭우가 쏟아졌다.

그리고 멈추기를 반복했다. 몰아 쏟아지면 '오늘은 대구까지만⋯⋯' 그러다가 대도시인 대구에서 주말 아침에 빠져나올 때의 어려움을 생각했다. 그렇게 생각할 때마다 폭우가 잠깐씩 멈췄다. 그래서 조금 더 조금 더 해서 간 곳이 안동이었다. 지리도 모르는 안동 시내에서 잘 만한 곳을 찾아 이리저리 헤맸는데 지난번에 머물렀던 그곳, 안동의 신시가지라는 옥동 근처, 안동의 첫 출발지였던 옥동네거리가 나타났다. 예상대로 빈방 찾기가 쉽지 않았지만 안락함을 포기한 이상 하룻밤 보내는 것은 어려운 일이 아니었다.

아침 일찍 일어나 5번 국도를 따라 북상했다. 안동의 시내길과 외곽으로 가면서 나타나는 제비원길이 이젠 제법 낯이 익었다. 영주(풍기)에서 단양으로 가는 5번 국도를 차로라도 지나고 싶었는데 이번에 그렇게 되었다. 풍기까지 4차선으로 고속도로 못지않은 위용을 자랑하던 5번 국도는 풍기를 지나면서 소백산 죽령고개 출발점에서 꼬리를 내렸고, 2차선 도로가 되면서 똬리를 틀었다. 소백산 풍기온천을 지나고 희방역과 희방 계곡을 지나면서 굴곡은 더 심해졌다.

이곳은 예의 4차선 국도를 만들기도 어려울뿐더러 이곳의 자연경관도 많이 해치고 말 것이다. 꼬불꼬불 죽령을 넘자(지난번에는 영주에서 시외버스를 탔는데 시외버스는 영주 풍기까지는 5번 국도를 따르다 풍기에서 55번 중앙고속도로를 타고 죽령을 넘은 후 단양IC에서 빠져 다시 5번 국도를 따랐다. 시간이 오래 걸리는 길을 요령껏 피했다. 그래서 꼭 차로라도 가고 싶었던 것이었다.) 죽령역을 지나면서 좌측으로 남한강의 지류가 나타났다. 5번 국도를 살짝 벗어나 단양군청으로 가다가 고수대교를 지났다.

이번 호우로 남한강물이 많이 불었다. 대교를 지나서 우회전하자 이내 고수동굴 주차장. 십수 년 전에 왔었던 기억이 가물가물한데다가 식당이나 상

점들이 더 늘어 동굴 입구를 찾기 어려울 정
도였다. 고수동굴 하나로 이만한 상권을 만
들 수 있다니 놀랍다. 동굴 안에서 본 종유
굴의 모습도 경이로웠지만 동굴 밖의 풍경
도 그에 못지않았다. 이윽고 고수동굴. 동굴
입구는 식당과 상점 위로 살짝 숨은 듯했다.

고수동굴 입구. 많은 식당, 상점 위로 살짝 숨은 듯했다.

　30℃를 넘나드는 날인데도 불구하고 입
구 안쪽에서 차가운 바람이 쏟아져 나왔다.
들어가서 안 것이지만 동굴의 평균온도가
15～17℃라고 했다. 동굴 안에서 동굴을 관리하는 사람들은 제 앞에 전기스
토브를 켜놓고 쬐고 있었다. 상투적인 말로 자연이 만들어놓은 아름다움이랄
까. 전체길이가 1200m나 된다고 하는데 개방된 곳은 600～700m 정도란
다. 석회암 지대에 물이 스며들어 침식이 되면서 동굴을 이루고 종유석, 석
주, 석순 등의 기이한 형상을 만들어놓았다.

고수동굴 내부풍경.

고수동굴 내부풍경으로 성모마리아가 아기 예수를 안고 있는 모습이라고 했다. 작은 카메라 조명의
한계가 느껴진다.

고수동굴 내부의 다양한 풍경.

    굳이 유식론唯識論을 들추지 않아도 갖다붙이기 좋아하는 사람들이 붙여놓
은 이름들 – 독수리바위, 창현궁, 마리아상, 선녀탕, 천당성벽, 사랑바위 등
등 물론 형상이 비슷하기는 했지만 비상한 상상력을 필요로 하는 특이한 모
양의 것도 있었다.

    입구와는 반대되는 현상, 출구 쪽에서 더운 바람이 쏟아졌다. 방향 표시가
없어도 알겠다. 출구는 입구보다 산 위쪽에 있었으며 돌아내려 오는 길이 꽤
길었다. 시원했던 환상의 세계는 없어지고, 이어지는 상점의 번거로움과 찌
는 더위가 현실을 더욱 강하게 인식시켜 주었다.

다시 남한강을 따라 거슬러 올라 구인사 가는 길에 향산 석탑을 찾았다.

구인사로 우회전하는 길에서 한참을 지났는데 찾을 수 없었다. 내비게이션에서도 나타났다가 점점 멀어져 갔다. 어느 정도 더 가다가 차를 돌릴 수밖에 없었다. 차를 돌려 내려오다가 찾은 팻말. 향산 석탑 가는 길은 동네 안으로 뚫고 가는 길이었다. 그렇구나, 팻말을 내려오는 사람을 중심으로 해놓았구나. 나처럼 올라오며 보는 사람도 있는

고수동굴 내부풍경으로 출구 쪽에 다다를 때쯤 나타나는 사랑바위, 만난다고 다 사랑인가. 애처롭게도 미처 만나지도 못하고 바라만 볼 뿐이다.

데……. 동네의 좁은 길을 거쳐 찾은 향산 석탑은 의연한 모습으로 나를 맞이해주었다.

'단양군 향산 석탑. 보물 제405호. 높이 4m 기단폭 1.84m. 신라 눌지왕(435년) 때 묵호자가 창건하였고 묵호자가 열반 후 제자들이 탑을 건립하고 사리를 봉안하였다. 향산사는 임진왜란 때 전소되고 3층 석탑만 남았으나, 일제강점기 1935년 도굴꾼들에 의해 사리가 도난되고 완전히 해체된 것을 이곳 주민들이 다시 세운 것이다. 탑신부와 옥개석이 각각 한 개의 돌로 되어 있으며 옥개석은 각층 4단으로 추녀는 수평을 이루고 있었다. 이 탑은 조각수법이 단정하며 소박하고 비례균형이 잘

향산 석탑(좌측에서).

향산 석탑(정면에서).

정제된 신라하대의 전형적인 석탑이다. 향산사 창건시기와 상당한 시차가 있기는 하지만, 절의 건립은 의상, 원효, 의천 등 유명한 사람들 이름을 끌어대야 직성이 풀리는 모양이다.

보통 탑을 보며 느끼는 감정이나 감상이 다음과 같다.

1. 의연하다.
2. 균형이 잘 잡혀 있다.
3. 정제되어 있다.
4. 소박하다.
5. 역사적으로 귀중한 사료가 된다.
6. 장중한 기품이 있다.

등인데 이런 것 말고 다른 것은 없을까. 앞으로 다양한 표현방법을 찾아봐야겠다고 이 탑을 보면서 생각했다. 단양군에서는 이 탑 일대를 사들여서 절터도 발굴하고 남한강 물길 100리 르네상스 프로젝트 일환으로 공원도 조성한다고 2011년 4월 언론에 언급된 바 있다. 이렇게 되면 몇 년 후에는 시골 마을의 한쪽을 지키고 서 있는 탑의 의연하면서도 처연한 감정을 가지고 탑을 바라볼 수 없겠다는 생각이 들었다. 공원을 세우더라도 웅장한 건축물은 피했으면 좋겠다.

나는 또 꼬불꼬불 산길을 돌아 구인사로 갔다. 때마침 구인사 오르기 전 주차장에서 입상 하나를 만났다. 보수를 위해 어디론가 보내지기 전의 모습 같기도 하고 보수를 마치고 돌아온 모습 같기도 하다. 뭐 물어볼 일도 아니고 다 보는 사람의 마음에 달렸다. 자재自在 불교계의 순복음

교회라는 비유(적절한 비유인지는 모르겠지만 그렇게 회자 되고 있으니까)대로 주차장에 신축하고 있는 건축물의 규모가 상당했다.

주차장을 지나 구인사 오르는 길에 첫 번째로 마주친 입석은 굵기의 차이가 뚜렷한 글씨와 참 잘 어울렸다. 절 규모나 경내의 다른 건축물들과의 조화는 별개로 하고……

잘 다듬어진 길이 절 입구의 버스터미널 주차장까지 이어졌다. 절 입구의 버스터미널은 단양뿐 아니라 서울, 대구, 부산 등 대도시로 이어지는 연결편도 있어서 터미널의 위치적 특성을 고려하면 구인사의 사세를 짐작할 수 있었다.

이윽고 나는 일주문에 다다랐다. 수련을 마치고 귀가하는 분들, 휴가를 맞아 대찰을 찾은 분들로 가득했다. 잠시 한산한 틈을 타서 사진 한 장 찍어 보았다. 일주문이 늘 그렇듯이, 커다란 지붕을 이고 있는 기둥이 후들거리는 것처럼 보였다. 여기까지 걸어온 내 다리도 함께 후들거렸다.

구인사 오르기 전 주차장에서 만난 입상(상). 주차장에서 구인사 오르는 길에 제일 먼저 마주치게 되는 안내표지 입석. 여기가 구인사입니다(하).

절 입구의 버스터미널.

일주문.

일주문을 통과하자 천왕문이 나타났다. 특이하게 2층으로 되어 있으며 사천왕상은 2층에 모셔져 있었다. 아래층은 성채의 성문을 연상시키는 형태의 통로가 되었다.

동으로 만든 사천왕상, 훨씬 강력한 수호자가 될 것이며 그것도 성루 위에서 지키고 계시니 삿된 것은 감히 침범할 엄두도 못 낼 것이다. 천왕문 2층의 성루에는 사천왕상 중 왼쪽부터 증장천왕과 광목천왕, 지국천왕, 다무천왕 등이 있다.

천왕문의 전면모습.

이 절을 창건하신 분은 이곳을 누구도 침범하기 어려운 자기들만의 불국정토로 만들 생각이었으리라. 보통의 절들은 불이문을 통과하면 천상천하 유아독존의 석가모니가 계시는 대웅전 또는 아미타여래가 계시는 극락전이 있지만, 같이 계시면서 해탈 이후의 천상의 세계가 연출되는데 구인사는 불법을 구하는 문자 그대로 인仁을 얻으려 구인求仁하는 분들이 모여서

천왕문을 위쪽(구인사 경내 안쪽)에서 본 모습.

생활하기 위한 곳이 아닐까 하는 생각이 둘러보는 내내 머릿속에서 떠나지 않았다. 또 이런 말 하면 큰일날지 모르지만 개방된 신앙촌 같다는 생각이 들었다. 물론 대승종교라는 법화경의 정신을 근거로 많은 이들에게 부처의 가르침을 전파하고 있다고 해도 50여 채에 이른다는 콘크리트건물들을 보면서 그렇게 생각할 수밖에 없었다.

천왕문을 지나 오르는 길에 있는 인광당과 종무원. 현대식 콘크리트건물에 조화롭게 옛것을 입혔다. 고정관념을 깬 시도로 현대의 종교로 변화하는데 일정 부분 성공을 거둔 것 같았다. 이후의 건물도 거의 동일 패턴으로 전개된 듯했으니까.

5층 대법당 앞의 사리탑. 83년도에 인도에서 친히 모셔온 진산사리가 모셔져 있다고 했는데 30년 가까이 되었어도 모서리의 날카로움이 그대로 살아있어 가까이 가기에 어려움을 느꼈다. 근래에 새로이 세워진 탑들은 대부분 내가 확인한 바로는 날카로운 모서리를 가지고 있었다.

천왕문 2층의 성루에 있는 사천왕상 중 왼쪽부터 증장천왕과 광목천왕(상). 역시 천왕문 2층에 있는 사천왕상 중 오른쪽부터 지국천왕과 다무천왕(하).

천왕문을 지나 오르는 길. 우측건물이 인광당이다.(인광당은 신도들의 교육을 위한 시설이라고 한다.)

5층 대법당 앞에 있는 사리탑. 앞에 서 계신 여자 두 분이 떠날 줄 몰라 함께 찰칵했다. (양해를 구합니다.) 83년도에 인도에서 친히 모셔온 진산사리가 모셔져 있다고 했다(상). 5층 대법당에서 입구 쪽을 내려다본 모습(중). 5층 대법당에서 바라본 위쪽 모습(하).

5층 대법당은 건물의 맨 위층에 있다. 그 아래로는 스님이나 신도들의 수련시설이라고 했다. 이 건물이 지어진 곳은 구인사를 창건한 상월원각 대조사가 삼간초암을 얽어 수행하던 곳에 세워졌다 하며 전의 명칭도 '설법보전'(부처님께서 법화경을 설하시는 곳의 의미)이다. 주불은 석가모니이지만 협시보살은 상단을 마주보는 왼쪽이 '대세지보살'과 오른쪽이 '관세음보살'이다. 대개 석가모니의 협시보살은 '문수보살'과 '보현보살'이며 '대세지보살'과 '관세음보살'은 아미타여래의 협시보살인데 좀 특이하다. 법화경에서 본불은 석가모니 부처님이고 다른 부처들은 그의 분신물이라는 것과 신앙적 측면에서 관음사상을 빼놓을 수 없다고 하니 이해할 수 없는 것도 아니지만.

이 대법당은 구인사의 중심적 위치이기도 했다. 대법당 우측에는 범종루가 있고, 이 위로 삼보당, 향적당, 도향당 또 멀리 위쪽으로 대조사전이 있다. 이곳을 따라 걸으며 구도자들의 거리라는 생각이 새삼 들었다.

5층 대법당. 주불은 석가모니이지만 협시보살은 상단을 마주 보는 왼쪽에 '대세지보살'과 오른쪽에 '관세음보살'이다(1). 범종루. 대법당 우측에 있으며 여기 사진에는 위층만 찍혔다. 복층 건물로 아래에 범종이 위쪽(현재 사진)에 법고와 목어가 있다(2). 대법당 위쪽으로 오르는 길. 위쪽으로 삼보당, 향적당, 관음전 등이 있다(3). 도향당. 스님들의 공양시설이다(4).

이참에 대한불교 천태종 홈페이지에 들어가 천태종기에 대해 알아보았다.

세 개의 원은 우주만법이 각각 공空, 가假, 중中 삼제의 진리를 갖추고 있음을 뜻하며 이것을 한자리에 포개어 놓은 것은 이 삼제의 진리가 원융함을 의미한다.

천태종기(대한불교 천태종) 모습.

금강저는 삿된 것을 물리치고 정법을 살리는 부처님의 지혜를 상징하며 부처님을 모시는 금강신장이 지니고 다니는 무기이다. 원을 청색으로 한 것은 우리나라가 동방에 있음을 의미하며 또 무궁한 번영을 뜻한다. 금강저를 금색으로 한 것은 부처님의 지혜가 중도임을 의미하며 상하로 중심에 세워 놓은 것은 상구보리上求菩提 하화중생下化衆生의 가장 중심 되는 방편이다.

다시 지식백과에 나와 있는 법화경의 내용을 정리해보았다. 천태종의 소의 경전에 준한 법화경 내용이다.

법화경의 원래 이름은 '실상묘법연화경'이며 이를 줄여서 법화경이라고 부른다. 예로부터 화엄경을 일승원교라고 하고 법화경을 대승종교라 하여 최고의 가르침으로 꼽았고, 구마라습이 번역한 전 7권 27품이 가장 유명하다.

법화경은 방편품의 회삼귀인 사상과 시방十方의 모든 부처님은 결국은 본불인 석가모니 부처님의 분신물이라고 설하신 여래수량품을 그 주지로 하고 있으며 법사품에서는 수지, 독경, 송경, 해설, 서사의 다섯 가지 법사행과 10종 공양을 들고 이 법문을 사람들에게 선설할 것을 규정하고 있다. 법화경에서 빼놓을 수 없는 것이 관세음 보살품에 나오는 관음신앙이다. 관세음보살은 신망하면 일체의 소원이 만족되어 어느 것에도 두려운 바가 없게 된다는 관세음 신앙이 있기에 법화경이 유포된 곳에는 반드시 관음신앙이 따른다. 법화경에는 많은 비유가 나오는데 법화7유라고 한다.

화택유火宅喩 장자가 집에 불이 나자 자식들을 구하기 위해 그들이

좋아하는 물건을 부르면서 빨리 불타는 집에서 나와 가져가라고 했다는 비유

궁자유窮子喩 장자의 아들이 어려서 집을 나가 성장하였다. 때마침 장자가 아들을 찾았으나 그 아들이 두려워하며 다시 도망쳤다. 그래서 장자가 꾀를 내어 그를 고용하여 점점 지위를 높여주고, 결국에는 자신이 친아들이라고 밝히고 일체의 재산을 다 주었다. 이 궁자를 이승의 사람에 비유하고 재산을 대승에 비유한 것이다.

약초유藥草喩 일미의 지우에 의해 소약초, 중약초, 상약초, 작은 나무 큰 나무가 각기 성장하는 것을 수행자의 깨달음의 단계에 비유

화성유化城喩 나쁜 길을 지나 목적지를 향하는 대상의 지도가 지쳐서 되돌아가려는 대원들에게 도중에 환상의 섬을 만들어 보여주고 피곤함을 달래주고 난 후 진짜 목적지까지 간다는 비유

의주유衣珠喩 친한 벗의 집에서 만취한 남자의 옷 속에 친한 벗이 무가 보주를 묶어 두었는데 그것을 깨닫지 못한 남자의 이야기

계주유髻珠喩 전륜성왕의 상투 속에 있는 보석이 어떤 공적이 있는 용사에게도 주어지지 않는 것이나 그것이 주어졌다고 하면 모든 세상 사람들이 믿지 않을 것이라는 이야기.

의자유醫子喩 독을 마시고 괴로워하는 아이에게 약을 마시게 하는 방편으로서 자신이 죽었다고 알리게 하여 슬픈 나머지 마음을 바로잡은 아이들이 약을 마셔 구제된다는 비유.

법화경 내용이라고 옮겨보았지만 실제로 대한불교 천태종과 과거 천태종의 글이 해석에서 어떤 차이가 있는지 잘 모르겠다. 공부를 더 해야겠다.

도담삼봉에서 제천으로
다시 원주로 강행군

구인사를 내려와 다시 5번 국도로 복귀하기 전에 도담삼봉에 들렀다. 삼봉 정도전의 동상을 보고 절벽 위의 정자에 앉아 도담삼봉을 내려다 보니 시 한 수를 읊고 싶었다.

다시 5번 국도로 복귀, 제천시로 들어갔다. 아담한 제천 의림지에는 놀이공원이 들어서 있다. 논길을 아슬아슬하게 빠져나와 제천시 장락리 7층 모전석탑 앞에 섰다. 의연한 모습과 의젓함이 느껴졌다. 장락사 안에 있는 대웅전을 끝으로 원주로 향했다. 원주 흥법사지 3층 석탑과 진공대사 탑비는 그로테스크한 모습을 하고 있다. 무슨 이야기를 품고 있는 것일까? 이제 날이 저물어 간다. 서울로 돌아가려 하니 왠지 섭섭하다.

도담삼봉. 단양팔경 중 하나이며 명승44. 중심의 장군봉 위에 정자가 하나 아슬아슬하게 놓여 있다.

5번 국도로 복귀하기 전, 구인사에서 내려오는 길에 도담삼봉에 들렀다.

구인사에서 내려오는 길은 꼬불꼬불 산길 대신 남한강을 끼고 가는 길을 택했다. 남한강 백리길 르네상스 사업이 여기인가 보다 할 정도로 강변도로 공사가 한창이었다. 공사는 도담삼봉까지 이어져 있었다. 도담삼봉은 그냥 보는 것으로도 좋았다. 퇴계 이황 선생이 단양 군수(이황 선생은 이곳저곳 군수도 많이 하신 모양이다.)시절 적었다는 시나 조선의 개국공신 정도전의 호가 삼봉인 것이 이 도담삼봉에서 유래했다는 것은 부수적인 이야깃거리였다.

도담삼봉 주차장 쪽 전망대에서 공원을 향해 걸어갔다. 도담삼봉을 중심으로 2~3시 방향 절벽 위에 정자가 하나 보였다. 도담삼봉 중 장군봉 위에

도담삼봉공원에 있는 삼봉 정도전의 동상(상). 도담삼봉 전망대에서(하).

놓인 정자는 보기에도 아슬아슬했지만 오히려 절벽 위 정자에 앉아 도담삼봉을 내려다보며 시를 읊어야 제격일 것 같다는 생각이 들었다.

나는 5번 국도로 복귀하였다. 이번에는 잘 뚫린 5번 국도를 통해서 제천시로 들어갔다.

제천 의림지의 규모는 생각했던 만큼 크지 않고 아담했다. 거기에 놀이공원이 들어서 있었다. 공원에서 잠시 휴식을 취하고 장락사지 모전 7층 석탑이 있는 곳으로 향했다. 내비게이션에 올라와 있는데도 찾는 데 한참 걸렸다.

드디어 논길을 아슬아슬하게 빠져나와 탑 앞에 섰다. 그리고 약간 비슴듬히 탑을 바라보았다. 갑자기 에펠탑이 떠오르는 것은 왜일까?

그리고 옆에 장락리 7층 모전석탑 옆에 새롭게 생긴 작은 절이 보였다. 절 이름은 장락사였다. 큰 절터를 배경으로 가지고 있어서인지 몰라도 의젓함이 느껴졌다. 구운 벽돌이 아니라 점판암을 벽돌 모양으로 잘라서 만들었기 때문인지는 몰라도 비교적 형태를 잘 유지하고 있었다. 전체가 7층에 이르는 높은 탑(9.1m)으로 각층의 줄임 비율이 적당하여 장중한 기품을 보여준다. 한국전쟁 때에 심한 피해로 무너지기 직전이었는데 1967년 해체 복원하였다고 한

제천 의림지(상). 제천 의림지에 있는 놀이공원(중). 장락사지 모전 7층 석탑의 정면과 약간 비스듬히 본 모습. 보물 제459호(하).

제천 장락리 7층 모전석탑 옆에 새롭게 생긴 작은 절 장락사 입구(좌). 새로 생긴 '장락사' 안에 있는 커다란 불상(우).

다. 양식으로 보아 통일신라 말기로 보인다.

탑 옆에 새로 지은 조그만 절이 있다. 장락사 안에 있는 대웅전 옆에 커다란 석불이 있다. 석불은 구인사 주차장에 수리를 위해선가 놓여 있던 불상하고 품새와 연꽃기단은 거의 비슷했다. 하지만 오른손의 수인이나 왼손에 들고 있는 물건은 다른 것 같았다.

장락리 장락사지는 수차례의 발굴을 거쳐 통일신라-고려시대의 수막새와 기와류, 자기류, 금속재류, 석재류 등이 발굴되었으며 고려시대와 조선 초의 절로서 가장 융성했던 것으로 밝혀졌다. 별 새로울 것 없는 넓은 초지같이 보였지만 천 년 이상의 세월이 묻혀 있다니. 아 역시 모든 것이 다 공空하다!

제천 장락리 장락사지.

제천보다는 원주에 가서 자는 것이 낫겠다는 생각이 들었다. 제천은 과거 몇 차례 와본 적이 있었기 때문에 처음 가보는 원주에 대한 막연한 기대 같은 것이 있기 때문이리라. 해가 꺾이고도 시간이 많이 지났을 무렵 제천을 벗어난 지 얼마 되지 않아 탁사정에 도착했다. 탁사정은 조선 선조19년(1568년) 제주자사로 있던 임응룡이 지었다고 하며 그의 후손 임윤근이 허물어진 정자를 1925년에 다시 세웠고 의병좌군장 원규상이 탁사정이란 이름을 붙였다고 한다.

탁사정. 유원지의 다리 위에서 본 모습.

탁사정은 제천시가 선정한 제천 10경 중 9경으로 선정된 곳이라고 한다. 제천 시민들이 쉽게 찾을 수 있는 피서지로 유명하다고 하는데 실제 계곡의 규모나 폭에 비교하면 유량도 풍부했고 모래톱도 잘 발달되어 있었다. 덥고 습한 날씨를 반영이라도 하듯 계곡 멀리에서는 물안개가 피어오르고 있었다. 계곡에 들어가 발이라도 담가봤으면 좋으련만, 나그네는 빨리 원주로 가 잠자리를 찾고 싶었다.

다음 날 저녁에 서울에 약속이 있었
던 터라 원주에서는 흥법사지의 3층 석
탑과 진공대사탑비를 보고 서울로 향하
기로 했다. 그런데 내비게이션에 찍고
나서도 한참을 헤맸다. 새로 공사 중인
길이 서로 엉켜서 같은 자리를 두 번 돌
았다. 좁은 농로를 따라 찾은 흥법사지.
동네 분들인지 문화재를 관리하는 분들
인지는 몰라도 탑 주변의 잡초며 배수
로를 정리하고 계셨다. 지금까지 오면
서 보아왔던 절터와 탑들이 이렇게 보
이지 않는 분들 덕에 형태를 유지하며
지켜지고 있구나 하는 생각이 들었다.
나도 무엇인가 기여할 것을 찾아봐야겠
다는 생각도 같이……

탁사정 유원지 계곡.

원주 흥법사지 3층 석탑. 보물 제464호.

원주 흥법사지 3층 석탑은 많이 손상
된 겉모습과 달리 약간 후대(고려전기)의 것으로 평가(문화재청의 자료에 의하면)
된다고 한다. 어쩐지 기저부나 기단부와 그 위의 탑신, 옥개석은 제 짝이 아
닌가 하는 생각이 들었다. 짧은 생각인지 모르지만 손상된 상태나 탑신의 부
조화로 보아 흥법사와 같은 대찰의 탑이라는 것을 선뜻 납득할 수 없었다. 그
러나 세월은 많은 것들을 변화시키니 하물며 천 년이 넘었음에야 무엇인들
그대로이겠는가. 불과 반백년 조금 넘은 이 몸도 쪼그라든 것(그런데 살은 더 쪘
다)을 보면……

원주 흥법사지 진공대사 탑비, 보물 제463호.

우측에서 본 모습.

뒤에서 본 모습.

3층 석탑 옆에 있는 진공대사 탑비는 상당히 그로테스크한 모습을 하고 있었다. 문화재청 자료에서 그러한 형상에 대해 상세하게 설명하고는 있었지만 어쩐지 부족하게 느껴졌다. 무슨 이야기를 품고 있는 것은 아닐까? 이러한 내 궁금증 앞에서 탑비는 그저 아무 말도 없이 정면만 바라보고 있었다.

이제부터 서울로 돌아가려니 왠지 섭섭한 생각이 들었다. 이곳에 오기까지 얼마나 시간이 오래 걸렸는가. 이번 휴가 때 많이 돌아다니려고 했는데 이런저런 사정으로 여의치가 않았다. 아쉬운 마음에 5번 국도라도 좀 더 따라가보자. 그렇게 결심하고 5번 국도를 따랐다. 5번 국도는 횡성군 입구를 스치고 지나갔다.

나는 횡성군 횡성읍 입구까지만 가보았다.

그리고 다시 홍천을 향했다. 홍천에서 새로 생긴 고속도로를 탔는데 서울까지는 얼마 안 됐다. 다음에는 횡성에서 또는 홍천에서 출발할 것을 기약했다.

횡성군 횡성읍 입구에 홍천을 향하는 길(상).
횡성군 횡성읍 입구(하).

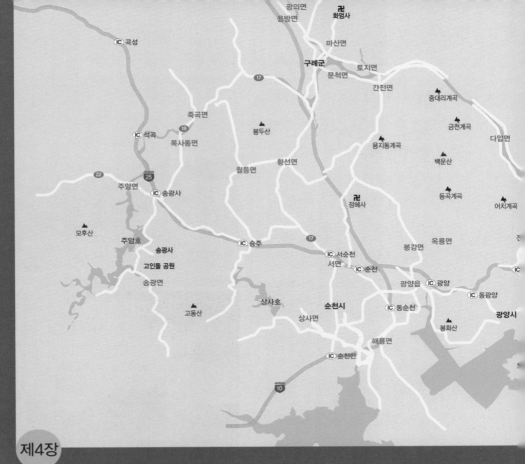

제4장

깊어가는 가을
속세와 불가를 기웃거리다

고성읍을 지나 사천으로 향하는 33번 국도 → 문수암 입구 → 천불전 → 전망대와 사리탑
→ 문수암 → 독성각 → 일주문의 약사전함 → 보현암과 석가여래 삼존불상과 납골당

송광사 매표소 → 승보종찰 조계산 송광사 돌기둥 → 일주문(조계문) → 세월각과 척주각 →
'속세와 불가의 세계를 잇는 피안교' 청량교 → 우화각 → 사천왕문 → 사천왕문 왼편에
성보각, 천왕문 맞은편에 종고루(해탈문) → 대웅보전 오른편에 지정전, 왼편에 승보전 →
약사전과 영산전은 대웅전 맞은편 한 귀퉁이에 자리함(관음전은 대웅보전 좌측 뒤쪽) → 보조
국사 지눌스님 감로탑 오르는 길 → 효봉대종사의 사리탑으로 가는 길에 있는 무무문 →

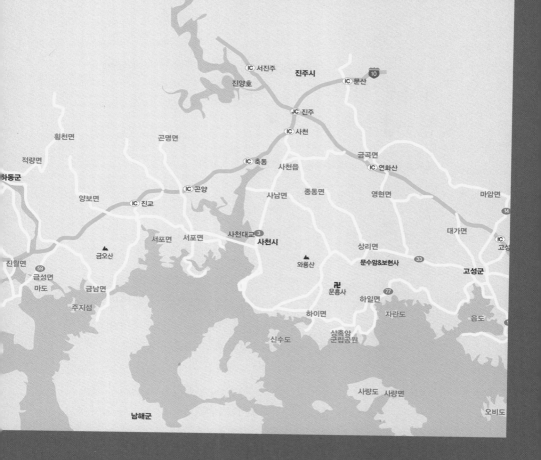

징검다리를 건너 다시 일주문 통과 → 조계산 등산로를 따라 화엄전 → 우연히 만나는 대
나무 숲길 → 근처의 고인돌 공원

화엄사 주차장 맞은편 비림 → 입구에서 많이 벗어나 있는 일주문 → 금강문 가는 길 좌측에
웅장한 신축건물 → 금강문 입구에 있는 벽암국일도 대선사비 → 천왕문 → 불보사찰, 승보사
찰, 법보사찰 → 보제루 오른편에는 운고루, 석축 아래쪽에 당간지주 → 대웅전 우측에 동5층
석탑, 좌측에는 서5층 석탑 → 대웅전을 사이에 두고 왼편에 원통전, 정확히 각황전 앞에 원
통전이 위치 → 뒷산 오르막길에 적멸보궁 → 사사자 3층 석탑을 끝으로 화엄사를 떠나다

가파른 절벽에서도 아늑한
문수암을 찾아

어떻게 해서 생긴 일요일 하루, 나는 횡성 일부부터 화천까지의 마지막 여정만을 남겨두고 자꾸 곁눈질하고 있었다. 이번 가을에는 무조건 시간을 내야 할 텐데……. 이러면서 찾은 것이 '고성 문수암'이었다. 추석이 지났는데도 낮의 더위는 한여름과 다를 바 없었다. 늦더위가 이렇게 오래가면 마음이 조마조마해진다. 이러다 문득 가을이 와버리면 어쩌나. 조금씩 조금씩 스며들어오면 좋으련만. 갑자기 닥쳐올 상실감에 대한 두려움은 이때뿐일지도 모른다. 이 나이가 되어서도 남아 있는 낭만에 대한 찌꺼기들이 여기까지인지도 모른다. 찌꺼기는 찌꺼기일 뿐이니까.

절에는 사리를 봉안한 탑과 주존불을 모시기 위한 금당, 신도들에게 설법하는 법당이 있다. 일반 중생들이 머무는 곳이 있는 반면에 암자는 수행자가 수행하기 위한 이유만으로 만들어진 전각이라고 어느 분이 정리한 것을 보았다. 내가 생각하기에 절은 불국정토의 모습을 가지고 있어야 하고 해탈문이나 불이문을 통과하였을 때 보이는 세계(즉 통과라는 물리적 행위가 아니라, 깨달음을 얻었을 때 볼 수 있는 세계: 누구나 드나드는 문이 아니라 마음의 문을 지났을 때 볼 수 있는 세계)를 가지고 있어야 한다. 부처의 사리를 모신 탑(실제의 진산사리는 아니더라도 부처가 그곳에 계신다는 의미로서)이 있어야 하고, 그 절의 본존불을 모신 법당과 불국에 있어야 할 여러 의미의 전들이 – 이를테면 극락전, 명부전, 삼성각과 같은 – 있는, 불국의 모습을 구현해놓은 곳이 있어야 절이라고 말할 수 있으리라 생각한다. 암자는 수행자가 수행을 하기 위해 지어진 전각이라고는 하지만, 그 수행자를 따르는 신도들이 머무를 곳과 수행자의 설법을 들을 수 있는 법당이 생기고, 또 주존불을 모시는 금당도 생겨난 것이 아닌가 생각된다.

나는 고성읍을 지나 사천으로 향하는 33번 국도를 따라가다가 무선리(신라 전성시대에 국선화랑들이 이곳에서 무예를 연마했다 하여서 이런 이름이 붙여졌다고 하는) 쪽으로 방향을 틀어서 문수암으로 향하였다.

꼬불꼬불 문수암 오르는 길, 중간쯤에서 오른쪽에서 불쑥 나타난 약사여래좌상.

꼬불꼬불 꽤 긴 포장도로가 이어졌다. 산허리를 돌아설 즈음 왼편으로 멀리 찬란한 금색을 띤 불상이 나타났다. 작은 봉우리 정상에 솟을 듯이 나타난 금불상. 동양최대라고 들은 바 있던 보현사(나중에 이 이름이 아니고 해동약사도장이라는 절 또는 암자라는 것을 알았다. 그리고 보현사는 다른 곳에 있었으며 인터넷을 조회하다가 착각했다.)의 약사여래좌상이다.

처음부터 드러나는 이곳의 범상치 않은 모습에 나는 오늘도 내상을 입지 않을까 하는 우려가 들었다. 이윽고 이 일대(문수암, 보현암)를 아우르는 주차

떨어져서 본 문수암. 보이는 것은 천불전이고 문수암은 천불전 오른편 뒤쪽에 있다(좌). 문수암 입구에서 올려본 천불전(우).

장이 나타났다. 주차장 주변에는 잡초가 무성했고 풀들이 도로가의 틈새를 비집고 자라나고 있었다. 나는 그 잡초들에서 시류의 변화를 느꼈다. 종교도 유행을 따르는가. 물론 계절이나 시기의 영향도 있겠고 한때의 큰 관심과 영화가 아직 남아있기는 하지만, 유행이라는 단어가 나의 머릿속을 한참이나 헤매었다.

입구에 올라서면서 좌측으로 있는 천불전.

문수암은 신라시대 서기 688년에 창건되었다. 이 곳에도 창건 이후 소실·중창·재건의 역사가 있을 터인데 그저 통일신라시대에 창건했다는 기록만 남아 있다. 역사를 모두 기록한다고 하여서 그 가치가 떨어지는 것이 아닐 텐데 아쉬움이 남았다.

천불전. 누구든지 깨달으면 부처

천불전 맞은편 아래쪽에 피어있는 꽃. 곧은 줄기에 붉은 꽃을 이고 있는 모습이 상징적이고 의미 있는 이름이나 꽃말을 지니고 있을 듯한데 찾을 수가 없었다. 잘 모르겠다.(이 꽃이름이 상사화라는 것을 나중에 알았다. 꽃잎과 꽃이 피는 시기가 서로 달라서 서로 같이 있을 수 없다는 꽃. 그래서 꽃말은 '이루어질 수 없는 사랑'이라고 한다.)

가 될 수 있다는 대승불교의 근본사상을 상징하는 전각이다. 천불에는 과거 천불, 현재 천불, 미래 천불이 있는데 대개는 현겁천불을 모신다. 현겁은 현재의 겁을 말한다. 불경에 의하면 현겁에 구류손불, 구나함모니불, 가섭불, 석가모니불 등 1,000명의 부처가 나타나 중생을 제도한다고 한다. 실제 이 내용은 네이버 백과사전에서 찾은 내용이고 문수암, 천불전은 어땠는지 잘 모르겠다. 사실 금당이나 법당 앞에 가도 나는 안을 슬쩍 볼 뿐 들어가지 못하고 돌아오곤 한다. 나 자신이 부끄러워서일까? 아니, 부처님을 마주하는 것이 두려워서인 것 같다.

나는 천불전을 끼고 오른쪽으로 돌아서 내려갔다. 가까이 전망대가 보였다. 전망대 가는 길옆으로 나무숲이 자리했고 그 안에 사리탑비가 있었다. 사리탑은 전망대의 중앙에 있었다. 전망대는 우리를 위한 것이 아니라 사리탑을 기념하기 위한 공간처럼 느껴졌다. 그 사리탑은 청담스님의 사리를 안치해놓은

곳이다. 청담스님은 1955년 조계종 초대 종무원장을 지냈고 1956년 조계종 종회의장을, 1966년에는 조계종 2대 종정을 지낸 분이다. 청담스님은 대한불교 조계종 성립에 지대하게 공헌하셨다고 한다.

청담스님이 1971년 입적하실 때, 열다섯과의 사리가 출현했다고 한다.

이곳저곳에 사리탑과 사리탑비가 있는 것을 보면 청담스님이 입적하실 때 출현했다고 하는 사리를 나누어 모신 것으로 생각된다. 우선 이곳 문수암에 사리탑비와 승탑이 있고 청담스님이 입적하신 곳이라는 서울 강북구 우이동에 있는 도선사와, 문수암에서 그리 멀지 않은 고성 옥천사에도 사리탑과 사리탑비가 있다.

청담대종사 사리탑비. 사리탑과는 떨어져 숲 속에 있다. 탑비 상부와 비 몸체, 아래 거북이 모양의 단이 불균형하여 불안감을 준다. 그런 불안감도 자재自在하는 것이니까 이를 바라보는 내 마음이 다소 불안하기에 그리 비추어졌을지도 모르겠다(상). 전망대 형태를 갖춘 곳의 중심에 있는 사리탑. 전망대가 아니라 이 사리탑을 기념하기 위한 공간인지도 모르겠다. 전망이 하도 좋아 전망대라고 하는 것도 모두 다 내 안에 있는 것에 대한 투영이겠지(하).

이곳에서 바라보는 남해안의 풍경은 정말 아름다웠다. 이곳 문수암에서 보이는 남해안 풍광은 통영 미륵산, 남해 보리암과 더불어 남해안 3대 절경이라고 했던가. 청담 대종사 사리탑을 감싸듯이 되어 있는 이 난간 어디

문수암에서 내려다본 남해. 조그만 사진기의 한계로 색감이 잘 나타나지는 않았지만 역설적이게도 푸른색의 명암으로 나타난 풍경이 깊은 아름다움을 주는 것처럼 느껴지게도 한다.(물론 자조하는 뜻도 있지만) 우측에 보이는 불상은 보현사(지도책에 그렇게 나와 있지만 영 안 어울리는 절 이름)의 약사여래좌상(좌). 전망대에서 본 좌측 전경(우).

에도 전망대라는 표기가 없음에도 자꾸 전망대 전망대 하는 것도 그런 이유였다. 이곳에서 보던 전경을 못 잊어 그분은 이곳에도 사리를 나누어 두게 하셨던가. 다른 곳에 있는 사리탑들과는 좀 다른 단순한 형태의 사리탑이기는 하여도.

　종무소 뒤를 오른쪽으로 돌아가자 문수암이 가파른 절벽에서도 아늑한 곳에 자리하고 있었다. 문수보살. 대승불교에서 최고의 지혜를 상징하는 보살이며 인도에서 태어나 반야의 도리를 선양한 이로서 '반야경'을 결집 편찬한 보살로도 알려졌다. 때때로 경권(책)을 손에 쥔 모습으로 조각되는 일도 있다. 보현보살이 세상에 뛰어들어 실천적 구도자의 모습으로 활동할 때 문수보살은 사람들 지혜의 좌표가 되기도 하였다.(때가 때인지라 수능 100일 기도 현수막이 걸려 있는 것을 보면 과연 문수보살에게 빌어 봄직도 하겠다.)

　더 구체적으로 문수보살이 궁금하여 백과사전을 뒤적여 보았다. 이렇게 기록되어 있었다.

문수보살은 지혜의 완성을 상징하는 화신이다. 우리나라에서는 삼국 시대부터 문수 신앙이 성행하였으며 이 신앙을 최초로 이식한 이는 자장대사(신라의 승려로 통도사를 창건한 이)이다. 화엄경에 의하면 중국의 청량산을 문수보살의 상주처라고 하였는데 이곳에서 수행한 자장대사는 문수보살상 앞에서 7일 동안 기도하며 보살로부터 사구게를 받았다. 이어서 한 노승으로부터 범어 게송에 대한 해석을 듣고 또한 우리나라 오대산이 문수보살의 상주처라는 가르침을 받았다. 이때부터 우리나라 문수사상의 본산이 오대산이 되었으며 오대산 상원사 이외에도 춘천 청평사, 삼각산 문수암, 김포 문수암, 평창시 문수사, 옥천군 문수사, 서산시 문수사, 구미시(선산) 문수사, 고성군 문수암, 울산시(울주) 문수암, 김제시 문수사, 익산시 문수사, 고창군 문수사 등이 있고, 문수사상이 강한 사찰에서는 문수보살만을 모신 문수전을 두고 있다.

천연절벽에서도 안정된 곳에 단아하게 자리 잡고 있는 문수암.

이곳의 주전각이며 문수보살을 주불로 모시고 있는 문수암. 이 암자를 '문수단'이라고도 하던데 현판에는 문수암이라고 적혀 있다. 주변의 천연절벽에 문수보살상과 보현보살상이 있다고 했다. 어렵사리 절벽에 있는 문수암 내부의 문수보살상을 발견했다. 원래 본당 안에 카메라를 들이대는 짓은 허락 없이 안 하려고 했는데 옆쪽 틈

사이로 몰래 찍어보았다. 불기를 저질렀다면 용
서 바랍니다.

문수암 내부의 문수보살상.

　돌아 나오는 길에 좌측 높은 쪽에 독성각 표시
가 있어서 나는 그 표시를 따라 걸음을 옮겼다.
나중에 인터넷 블로그에 보니까 전부 산신각이라
고들 하였다. 각 안에 계신 분을 볼 때 독성이 맞
다고 본다.

　문수암은 암벽으로 이루어진 산 절벽의 절묘한 공간에 짜임새 있게 배치되
어서 그리 넓지는 않았지만 기도 도량으로는 손색이 없을 것 같았다. 더구나
앞마당에 펼쳐져 있는 정원은 우리나라 남해안 3대 절경 중의 하나라고 하는
데 나는 그 정원 앞에서 아무 말도 할 수 없었다.

　문수암을 나와서 처음 멀리서부터 호기심을 자아냈던 금빛 불상이 있는 보
현사로 향했다. 보현사라는 절이름이 뭔가 어색하다는 생각을 하면서 발걸음
을 옮겼다. 그런데 정작 보현사를 찾을 수 없었다. 다음을 기약하면서 일주문
으로 찬찬히 걸었다.

문수암 내부의 문수보살상 높은 곳 바위 사이에 숨어 있는 독성각. 위치로 봐서는 산신각이 맞는 것 같은
데 팻말과 안에 모신 분을 봐서는 독성각이 맞는 것 같기도 하다(좌). 가까이에서 봐도 현판은 없었다(우).

독성각 안에 모셔진 독성.(나반존자) 특유의 모습(석장과 불로초를 들고 동자가 협시하기도 하는)은 아니고 아라한의 모습 같기도 했다.

해동제일약사도장이라는 현판이 걸린 일주문을 지났다.

이윽고 깨끗하게 정돈된 길이 약사전으로 이어졌다. 약사전 2층 법당에는 중앙에 약사여래와 좌우에 일광보살과 월광보살이 협시하여 삼존불을 이루고 있었다. 이 도량의 모든 것은 약사전 건물에 모두 모여 있다는 인상을 받았다. 단지 흠이 있다면 내부 주차장 쪽에 있는 야외 화장실이 옥의 티다.

일주문.

약사전.

3층에는 금색의 커다란 약사여래좌상이 있는데 어느 곳에서나 쉽게 볼 수 없는 아주 인상적인 불상이다. 실제로는 어른 키 두 배보다 약간 못 미쳤다. 하지만 3층 야외에 있어서 그런지 멀리서 보면 건물 높이가 더해져 훨

모든 것이 모여 한 건물을 이룬듯 한 약사전 정면(좌). 약사전 2층 법당의 모습. 중앙에 약사여래와 좌우에 일광보살과 월광보살이 협시하여 삼존불을 이루고 있다(우).

씬 커 보였다. 여기에 협시보살이 없는 것을 보면 절경 너머로 멀리 보이는 문수 암의 문수보살을 우측의 협시로, 좌측 아 래로 멀리 보이는 보현암의 보현보살을 좌측의 협시로 하고자 했던 것은 아닐까? 이곳을 지으신 분의 의도가 어렴풋하게 추측되었다.

참 통도 크신 분이다 생각하다가도 이 내 아닐 거라고 생각되었다. 왜냐하면 불 상 방향이 좀 틀린 것 같았기 때문이다. 협시가 약사여래를 마주 보고 있는 것이 아니라 바다 쪽을 보아야 협시의 의미가 될 테니까. 그렇다면 또, 동방정유리세계 의 교주이신 약사여래는 동쪽을 바라보아

약사전 3층에 있는 약사여래좌상.

야 하는 것은 아닐까? 나는 불상 앞에서 이런저런 생각을 해보았다. 언뜻 약사여래가 궁금하여 프린트해 두었던 용지 를 읽어 보았다. 약사여래의 뜻은 다음과 같았다.

약사여래 당초 범어를 그대로 번역한다면 '약사유리광여래' 또는 '대의왕부처님'이며 약사여래가 계시는 곳이 동방의 정유리세계이므로 동방 정유리계의 교주라 존칭하기도 한다.

약사여래신앙의 소의경전은 '약사유리광여래본원경'이며 '약사여래본원경'이라고도 한다. 이 경의 서문을 본 사람이 수나라의 혜거대사라고 하는 것을 보면 당나라 이후 민간신앙으로 크게 유행하였다고 하며 이것과 관련된 '관정경'이 위작이라는 의심을 받고 있는 것을 보면 불교와 민간신앙, 도교의 유풍이 가미된 토속신앙으로 생각할 수도 있다. 우리나라 삼국시대의 고난을 겪었던 민간에 약사여래는 새로운 구세주로 등장했으며 이 이후 고려시대에도 이와 같은 개인의 평안뿐만 아니라 국가적 위기가 닥칠 때마다 약사도량이 자주 개설되었는데 이 또한 약사의 명호를 외우면 국가의 재난이 소멸된다는 약사여래비 본원에 근거를 둔 것이다. 대표적인 약사 행법은 7일 동안 8재계를 지키면서 주야 6시로 약사여래를 예배, 공양함과 아울러 약사경을 49번 독송하고 49등을 밝히는 것이다. 현재 우리나라 사찰에서는 일광보살과 월광보살을 협시로 하여 삼존불을 약사전에 모시고 있으며 모든 중생의 질병을 치료하고 재앙을 소멸시키며 부처의 원만행을 닦는 이로 하여금 무상보리의 묘과를 증득케 하는 부처로 모셔지고 있다. 직접적인 기복에 그 초점이 맞추어져 있다는 의미로 볼 때 세속성(참고로 한 민족문화대백과에는 '통속성'이라고 되어 있기도 하지만)을 갖는 것은 어쩔 수 없을 듯하다.

재삼 약사여래의 뜻을 음미하며 슬며시 마음속에 숨긴 것들도 빌어봤다. 떠나면서도 다시 한 번 돌아보았다. 참으로 절묘한 곳에 자리 잡고 있구나! 감탄사가 저절로 나왔다.

보현암 입구에서
납골당으로 이어지다

나는 오늘 여정의 마지막이 될 보현암으로 향했다. 지도를 보면 금방 알겠지만 이곳의 위치가 대략 이랬다. 그러나 보현암 입구에서 끝날 것만 같던 길은, 납골당 입구로 다시 이어졌다.

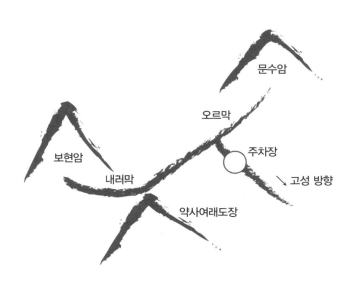

보현암 입구. 일주문 형태를 취했다.

보현암은 문수암보다 산 아래쪽에 위치해 있다. 그래서

인지 보다 안정감이 있어 보였다. 고성 보현암에 관한 자료는 잘 찾을 수가
없었다. 이 암자가 맞은편 산 위의 문수암과의 균형을 맞추기 위해서 만들어
졌을 수도 있겠다는 생각이 문득 들었다. 그러면서 문수보살과 함께 석가모
니불을 협시하는 보살로 유명한 보현보살에 대해 알아보았다.

약사여래도장에서 멀리 보이는 보현암. 보이지는 않지만 우측으로 납골당이 있고 입구는 같이 쓰고
있는 것처럼 보였다(좌). 큰 바위 뒤로 슬쩍 보이는 보현암 입구(우).

보현보살 문수보살이 부처님의 지덕과 체덕을 맡음에 대하여 보현보살은 오른쪽에서 이덕과 정덕, 행덕을 맡는다. 화엄경에 의하면 이 보살은 일찍이 비로자나불 밑에서 보살행을 닦았던 보살들의 대표로 구도자들에게 법계를 열어 보여주는 사실상의 '화엄경' 설법사이다.

그리고 보현보살은 모든 부처님의 본원력에 근거하여 그 가지법加持法에 의해서 중생이익의 원을 세워서 수행하는 것을 그 의무로 삼고 있다. 이것을 보현의 행원이라고 하는데 이것을 압축하면 10대원이 된다.(이것은 모든 보살들에게 각기 다른 것들이 다 있는데 너무 복잡해서 언급을 피했다.)

이 10대원은 보현보살의 본원이자 모든 구도자가 이룩하기 위해 실천해야 하는 조항으로써 우리나라에서는 널리 신봉되고 있다. 특히 고려 광종 때는 보현십원가를 지어 불교의 대중화를 꾀하기도 하였다. 그러나 보현보살은 관음이나 지장처럼 현세의 이익 또는 내세의 이익 측면이 부족하였으므로 신앙으로 널리 유행하지는 못했다.

보현암. 스님이 수행 중이어서 안은 못 봤다.

보현암 뒤쪽에 만들어진 지 얼마 안 되어 보이는 석가여래 삼존불상 (수인으로 보아 석가여래로 생각했다.)

보현암 전각 맞은편은 공터 같았지만 아래에서 보면 4, 5층 건물의 옥상이었다. 여러 가지 용도로 쓰이는 건물이련만 그 용도가 무엇인지 짐작하기가 쉽지 않았다. 뒤쪽에는 만들어진 지 얼마 안 되어 보이는 석굴 형태의 건축물이 있었다. 내부에는 석가여래 삼존불을 모셔놓고 있었다. 그 맞은편에는 예를 올릴 수 있는 건물이 있었다. 짐작컨대 납골당과 연계되어 망자들을 위해 제를 올리는 곳이 아닌가 싶었다. 며칠 전에 절에서 이루어지고 있는 납골당 사업화의 문제점을 다룬 시사프로그램을 본 적이 있었다. 불교 신자들에게는 좋은 일이 아니겠느냐는 생각도 들었다. 이 땅에 모두가 묻히지는 못할 터이니 이것도 하나의 방편이 되지 않을까. 나도 이제 살아온 날보다 살아갈 날이 얼마 남지 않아서인지 자꾸만 되새겨보게 되었다. 그래 오늘도 이렇게 하루가 가는구나. 하늘을 보니 어느새 해가 저물어가고 있었다.

문득 스치는 가을바람
송광사로 향하고 있다

돈추頓秋. 문득 가을. 산은 아직 푸르고 하늘은 호수에 비춰진 듯 물빛을 머금고 있는 이 사진을 보고서, 문득 가을이 찾아왔다는 것을 느낄 수 있겠는가. 나는 순천 송광사 가는 길에 주암호 주변에 서서 가을을 느꼈다. 이 사진은 내가 느낀 가을을 담고 있지만 미처 담지 못한 것이 있었다. 그것은 바람이다.

아침이어서인지 송광사 주차장은 비어 있었다. 웅성거리는 사람들과 연기를 내뿜는 차들 대신에 주차장 한쪽 편에는 이름 모를 전각이 고즈넉하게 자리하고 있었다. 송광사로 오르는 길에도 이런 전각들이 곳곳에 있다. 누구라도 오르다 쉬어가라고 웅성거림을 기다리는 고요함처럼 느껴졌다. 송광사 매표소를 지나면 이곳이 송광사임을 알리는 돌기둥, '승보종찰 조계산 송광사'가 보인다.

송광사 가는 길에 주암호 주변에서 문득 가을을 맞이했다. 이 사진에 담지 못한 것은 바람이다(좌).
주차장 한편에 있는 이름 모를 전각(우).

승보종찰 조계산 송광사.

조계산 송광사는 우리나라의 삼보사찰 중 하나이다. 삼보사찰은 대장경이 있는 법보사찰인 해인사, 진산사리를 모시고 있는 불보사찰인 통도사, 보조국사 지눌스님을 포함하여 16명의 국사를 배출하였다는 승보사찰인 송광사를 말한다. 다시 사전조사한 인터넷 백과사전의 내용을 여기 인용한다. 조계종에 대한 설명 중 이런 말이 나온다. 멋적지만 괄호안에 첨언을 붙여보았다. 헤아려 주시길⋯⋯.

'조계종은 신라 말 이래 구산선문이 일반 종의 형태로 유지되어오다가 대각국사의 천이 송나라에서 귀국하여 천태종을 세운 데 자극을 받아 하나로 결합한 것이며 조계라는 명칭은 중국 선종 6조인 혜능을 가리키는데 그가 중국 조계산(보림사)에서 선법을 전했기 때문임. 그러므로 조계종은 6조 혜능에서 신라 말 구산선문으로 이어지는 선법을 이어받은 종파라고 할 수 있음. 이후 보조국사지눌(1158~1210)이 선, 교종의 융합을 위해(지눌스님이 대장경을 읽으며 깨달은 것이 '선은 부처님의 마음이요, 교는 부처님의 말씀이다.'였다고 한다. 부처님의 마음을 담박 깨닫는 것이 돈오이고, 선종이면 부처님의 말씀을 공부하여 그 마음에 접근하는 것이 점수이며 교종이라는 것일까?) 산림에 은거하여 선정과 지혜를 함께 닦는 정혜결사운동을 전개하였으며 고려 신종 3년(1200)에는 조계산 수선사(과거에는 송광산 길상사: 지눌의 종혜결사를 이곳으로 옮겨오면서 산이름도 조계산으로 바뀌고 절이름도 수선사修禪寺로 바뀌었는데 현재의 송광사라는 명칭으로 바뀐 것은 언제부터였는지 알 수 없다고 함)에서 운동을 계속해나감으로써 조계종을 중흥시킴. 고려후기로 내려오

면서 조계종은 당시 불교계의 중심적 종파가 되어갔으나(이곳에서 지
눌을 포함 16명의 국사를 배출), 조선 세종 6년(1424) 모든 불교 정파가
선, 교 양종으로 통폐합됨에 따라 선종에 편입되어 버림. 종명이 없는
상태에서도 그 법맥을 유지해나가면서 휴정, 유정 등의 고승을 배출
하였으며 조계종이라는 명칭이 다시 등장하는 것은 1941년 태고사를
중심으로 ……중략…… 해방 후 한국 불교조계종으로 ………'

송광사임을 알리는 돌기둥을 지나자 이내 청량각이 보였다. 청량각은 송광
사로 가기 위해서 건너야 하는 개울의 다리 역할을 하는 건물이다.

사진작가 최진연이라는 분의 작품집 '옛 다리 내 마음의 풍경'에서는 이
다리를 속세와 불가의 세계를 잇는 '피안교'라고 했던가. 그리고 보면 일주
문을 지나 천왕문 가기 전 다리도 이렇게 전각으로 만들어놓았다. 어떤 이는
이것을 긴 터널이라고도 했다. 어쨌든 송광사의 다리들을 전각으로 만들어
놓은 것은 이어진 인연에 대한 소중함을 공고히 하고자 하는 것일지도 모르
겠다.

송광사 가는 길 입구의 청량각.

청량각 위에서 올려다본(산 위쪽이니까) 개울골짜기. 일주문을 지나고 다시 이 개울을 건너야 송광사로 들어갈 수 있다. 차안, 피안 이것은 다 마음에 있는 것이지 물리적 현상은 아닐 진저……(좌). 조계총림 대도장(우).

청량각을 지나서 조금 더 올라가면 송광사가 조계총림임을 알리는 돌기둥이 있다. 전에는 우리나라에 4대 총림이

있는 줄 알았는데 참고한 서적이 오래된 것이라 그런지 잘못 알았던 거였다. 1996년 4월에 조계종단의 다섯 번째 총림인 '고불총림'이 전남 장성 백양사에 설치되었던 것을 몰랐다. 변화가 세속에만 있는 것이 아니었다. 변화는 산중에도 있기 마련 아니겠는가.

청량각을 통과하지 않고 나가는 오솔길이 보였다. 내려올 때는 그 길로 내려오겠다고 다짐하고 오를 때는 청량각을 지나는 흙길을 택했다.

차도를 따라 올라가는 길의 한 모퉁이. 수도하고 계시는 스님의 모습이 모퉁이에 작게 보인다.

일주문 밖의 비림. 揭帝[게제], 波羅揭帝[파라게제], 波羅僧揭帝[파라승게제], 菩提[보제], 薩婆訶[살파가].

흙길은 송광사에 이르는 차도로 사용되는 길이었다. 흙으로 덮여 있었지만, 길과 길이 아닌 곳이 분명하게 구분되어 있어서 송광사에 오르는 나의 마음을 차분하게 정리할 수 있도록 해주었다. 길모퉁이 멀리 가로수 사이로 수련하고 계시는 것처럼 보이는 스님의 모습이 작게 보였다. 깨달아야 할 것은 이 가로수들처럼 크고 많은데 언제 그것들을 깨우칠 수 있을까? 구하고 구하다 보면 문득 얻어지는 것 아니겠습니까. 부디 큰 깨달음 얻으소서.

나는 무겁지도 가볍지도 않은 걸음으로 흙길을 내디뎠다. 일주문까지는 그리 먼 길이 아니었다. 아! 또 마주쳤다. 해인사에서도 보았던 일주문 밖의 석비들. 이름 하여 비림. 승보사찰이라서 큰일을 이루신 스님들이 많다고 하는데 그분들은 어인 일로 일주문 밖을 서성이고 계신단 말인가. 절에서 제일 깊숙하고 높은 곳에 자리하신 지눌스님만은 못해도 일주문 안쪽 어디 아늑한 곳을 이분들에게 안배할 수는 없는가.

비림을 지나자마자 일주문이 보였다. 일주문을 조계문이라고도 한다는데 승보사찰이라서 그런지는 몰라도 그동안 보아온 일주문 중에서 일주로 견디기가 가장 힘겨워 보이는 균형을 가졌다. 어떤가? 지붕을 등에 진 다리가 위

'조계산 대승선종 조계사'라는 현판이 걸린 조계문인 일주문(좌). 일주문 내부 '승보종찰 조계총림'을 알리는 현판(우).

태로워 보이지 않는가? 한편 지붕을 중심으로 일주문을 본다면 두둥실 구름처럼 하늘을 떠가는 느낌도 받는다. 기둥이라는 것은 속세와 이어진 작은 끈에 지나지 않는다는 의미인지도 모르겠다. 깨달음을 얻는다는 것은 이처럼 힘겹기도 하고, 두둥실 떠가는 머릿속 떠오름을 현실에 붙들어매기도 하고.

일주문 안으로 들어서자마자 절이 보였다. 일주문의 위치가 지금의 매표소 위치에 있었다면 더 좋았을 텐데……. 그랬다면 전체적으로 송광사의 그 폭

세월각과 척주각의 정면모습(좌). 담장 너머 비스듬히 본 세월각과 척주각 모습. 좌측이 세월각이고 우측이 척주각이다(우).

이나 깊이가 달리 느껴지지 않았을까?

안으로 더 들어서자 오른편으로 특이한 건물 두 채가 보였다. 이런 건물을 표충사 입구에서도 본 적이 있었는데 그때는 무심코 지나쳤었다. 알아보니 이 건물 두 채는 척주각과 세월각이라는 이름이 붙어 있었다. 이곳은 죽은 자의 위패를 모시고 죽은 자의 혼을 실은 영가의 관욕처로 사용된다고 한다. 모습만큼이나 그 쓰임새도 특이한 전각이다.

영가(죽은 자의 혼을 실은 가마)가 사찰에 들어오기 위해 남자의 영가는 척주각에서, 여자의 영가는 세월각에서……

속세의 때를 벗는 목욕을 해야 한다. 이 건물들은 다른 사찰에서는 찾아보기 어려운 것으로, 건축 구성에서나 종교적으로 특이한 것이다.

경내로 들어서기 위해서는 앞에서 '속세와 불가의 세계를 잇는 피안교' 라고 했던 청량교를 통해서 건넌 그 개울을 우화각을 지나 다시 건너야 했다. 그래서 다시 한 번, 차안 피안이 다 마음에 있는 것 아니겠나.

침계루 앞쪽은 스님 이외에는 출입이 통제되어서 가볼 수 없었다. 일제강점기에는 주로 여름 사찰에서의 학습을 위한 공간으로 사용되었고 목련극이나 팔상극 등을 연습하던 장소로 사용되었다고 한다. 그렇다면 목련극과 팔상극이 무엇이더냐, 조사해보았다.

홍교 위에서 본 침계루의 외부 모습.

목련극 목련존자가 악덕한 부모를 업보로부터 구하고자 지옥에 가서 직접 사투를 벌이는 내용의 희극이며 중국에서는 연극의 한 장르로 자리 잡고 있고 우리나라에서도 '무란불', '지옥과 인생', '연화

세계', '목련존자' 등으로 각색 공연된 바 있다.

팔상극 팔상八相이라는 것이 불교에서는 부처님이 출현하여 중생을 제도하려고 일생에 나타내어 보이는 여덟 가지 변상, 곧 도솔내의, 비람강생, 사문유관…… 쌍림열반 등이며 부처님이 일생 겪은 일이라고 할 때 팔상극이라면 이것을 극화한 것일 게다.

우화각에서 계곡 아래쪽으로 보이는 임경당의 누각.

우화각에서 계곡 아래로 보이는 것이 임경당의 계곡 쪽 누각이다. 우화각의 경치가 송광사에서 제일 좋다고 하고 예전부터

시인이나 묵객이 글을 많이 지었다고 했다. 계곡은 잔잔하게 흐르고 아름다움도 잔잔히 흘렀다.

우화각의 내부는 사천왕문과 이어져 있었다. 그건 마치 하나의 터널처럼 느껴졌다. 우화각의 내부를 사진으로 담아보았는데 우화각의 외부 모습이 다 들어오지 않아서 아쉬움이 남았다. 그래도 아쉬움은 얼마가지 않았다. 우화각 내부를 걷다가 불쑥 사천왕문이 나타났기 때문이다. 마치 예고 없이 나타

이쪽저쪽 바라보았던 우화각의 내부모습(1). 우화각 쪽에서 본 사천왕문의 입구(2). 빛바랜 사천왕상으로 앞쪽이 지국천왕 같다. 흘러가는 세월에 변하지 않는 것이 어디 있겠나(3). 이것 역시 빛바랜 사천왕상으로 앞쪽(정면을 보는)이 다문천왕으로 생각된다. 다만 아쉬울 뿐이다(4).

난 고속도로의 속도 체크기처럼…… 우화각 끝에 있는 사천왕상들의 모습에 다시 놀랐다. 하나같이 사천왕상들의 모습은 털이 많고 우람한 장비나 관운 장처럼 험악하였고 벗겨진 페인트는 그 상들을 더 위협적으로 보이게 했다. 20여 년 전 소개책자에 나와 있는 사천왕상은 엄숙한 가운데서도 해학적인 수염과 눈썹을 가지고 있었던 것으로 기억한다. 그래 또 한 번, 세상에 변하지 않는 것이 어디 있겠나.

천왕문을 빠져나오니 왼편에 성보각이 보였다. 천왕문을 마주하고 있는 것은 종고루인데 예전에는 이곳에 해탈문이 있었다고 한다. 해탈문은 20세기

천왕문 쪽에서 본 성보각.

대웅전 쪽에서 본 성보각.

천왕문을 마주하고 있는 종고루.

초까지 있다가 소실되었고 지금 있는 종고루는 그 후에 세워졌다고 한다.

이 범종루를 지나면 부처님이 계시는 금당이 있다. 여기

서 명부의 세계인 지장전이 있는 불국의 세계가 펼쳐져야 하는 것 아닌가. 뭐
가 하나 있기는 있어야겠는데 하는 생각과 함께 종고루를 지났다. 대웅전과
함께 펼쳐진 넓은 앞마당. 무엇인지 허전한 느낌이었다. 그래, 여기에는 탑이
없구나. 본래 절이 탑에서 시작했다고 알고 있었는데 내가 뭐를 잘못 알고 있
었던 것 아닌가. 원래 있었는데 어느 시기엔가 없어진 것은 아닌가. 본래 현

228

재 대웅보전이 있는 곳 뒤로 있는 수선사에 있었던 것은 아닐까.

어떤 책을 보면 송광사는 지눌스님에 의한 1차 중창(1197-1204)부터 최근 (1983-1990) 현호스님에 의해 이루어진 중창까지 모두 여덟 차례의 중창이 있었다고 하고 많은 비용과 인력을 필요로 하는 그것들을 수행할 수 있는 뛰어난 스님들이 많이 나왔으니 과연 승보사찰이라고 할 만했다. 특이한 것은 대웅전 전면과 해탈문 사이에, 대부분의 절에는 탑이 있기 마련인 곳에 법왕문이 있었다고 하는데 이것은 무슨 이유에서인지 소실된 이후에 복원되지 않았다. 본래 불교에서는 석가여래를 법왕이라고도 하는데 이 문을 통과하면 부처님을 봉안한 대웅전에 바로 도달할 수 있다는 뜻에서 만들어졌다고 생각되지만 복원되지 않은 이유는 잘 모르겠다.

송광사의 대웅전은, 1988년 대중창 이전에는 현재의 대웅전 좌측에 있는 승보전이었다고 전한다. 대중창 이후 송광사의 중심건물이 되었던 것이다. 불단의 하부에 부처님의 진산사리탑을 세우고 그 탑신 위에 과거의 연등불 현재불인 석가불과 미래불인 미륵불 등 삼세제도를 염원하는 삼세불과 지장, 관음, 문수, 보현의 네 보살을 모셨다.

대웅보전 정면 모습.

대웅보전 측면에 본 모습. 올려다본 모습이 정면에서 본 것과는 이미지가 다르다(좌). 대웅보전 내부로 멀리서 클로즈업한 사진(우).

대웅전을 바라보면서 오른편으로 고개를 돌리면 지장전이 보인다. 지장전은 원래 명부전으로 사용되었던 건물이다. 제8중창(1988-1990) 때 해체, 이전과 동시에 증축된 것이라고 한다.

대웅보전의 왼편에는 승보전이 있다. 최근 마지막 중창이 있기 전까지 대웅전으로 사용되었던 것으로 6.25사변 때 화재로 소실되어 1961년 다시 중창되었다. 현재 위치로 이전된 것은 역시 가장 최근의 대중창 때였다. 석가모니 부처의 영산회상을 재현하여 석가모니 부처와 마하가섭, 아난다, 사리자(반야심경에 나오는 그 사리자) 등 10대 제자와 16 아라한(나한), 그리고 1,250인의 제자상을 재현했는데, 승보전은 송광사가 '승보종찰'임을 상징하는 법당

대웅보전 오른편에 있는 지장전(좌). 지장전 내부모습. 멀리서 클로즈업해서인지 흐리게 나왔다. 지장보살과 그 협시인 무독귀왕과 도명존자의 모습이 보인다(우).

승보전. 송광사가 종보사찰임을 상징하는 법당이다(좌). 승보전의 내부를 측면에서 찍어보았다(우).

이다. 약사전과 영산전은 대웅전의 맞은편 한쪽 귀퉁이에 있어서 모른 채 지나쳤다가 다시 찾아가 보았다. 약사전과 영산전에 대해 잘 모르니 다시 자료 조사를 할 수밖에.

약사전 정면 측면 모두 단칸으로 들보 없이 공포만으로 지붕을 받치고 있으며 송광사에서 가장 작은 전각(일주문 바로 앞에 있던 세월각, 천주각 빼고, 이것은 죽은 영혼만 모시는 곳이니까 공간이 필요 없지만)이다. 내부 뒷면에는 약사후불 탱화가(1904년 작) 걸려 있고 그 앞 불단에 약사불조상(1746년 개금)이 봉안되어 있다.(약사여래에 대해서는 문수암 기행에서 알아봤으니까 여기서는 생략한다.) 보물 제302호이다.

영산전 얼핏 보아도 약사전보다 2~3배는 커 보였다. 영산전이 정면 1칸, 측면 1칸인데 영산전은 정면 3칸, 측면 2칸이다. 보물 제303호로 앞의 약사전이 보물 제302호인 것을 보면 심사위원들이 한꺼번에 처리한 것 같다. 영산전의 내부에는 영취산에 거주하며 법화경을 설하고 있는 석가여래의 조소상이 있고 영산회상의 설법상을 모사한 영산대회탱을 후불로 삼고 있다.(승보전에는 이것이 보다 구체적으로 표현되어 있다.)

약사전의 측면모습. 모퉁이의 좁은 공간에 있어서 정면을 찍기가 쉽지 않았다. 옆의 건물이 영산전이다(1). 약사전 내부 약사여래좌상(2). 영산전 측면모습(3). 영산전 내부를 클로즈업 해보았다(4).

수선사로 들어가는 문인 '진여문' – 일심이란 깨끗하고 더러운 것, 참과 거짓, 너와 나 등의 일체의 이원적 대립을 초월해 있는 절대 불이한 것, 그래서인지 일반인 출입금지였다(좌). 대웅보전 뒤쪽 수선사 담 아래 가지런히 피어 있는 문수암에서의 그때 그 꽃(우).

대웅보전의 뒤로 수선사 쪽으로 가보았으나 '외인 출입금지'가 많았다. 이곳은 승보사찰이라 수행하는 스님들이 많아서인지 여기저기 '외인출입금지'가 참 많았다. 수선사 쪽이 전부 그랬고, 관음전 옆의 문수전 쪽, 영산전 좌측 전부, 등산로 쪽에 있는 화엄전에는 현판도 없이 '외인출입금지'였다. 그리고 보니 송광사에는 그동안 다녀본 절과 비교해보면 스님들이 참 많다는 생각을 했다. 수행 중이 아니라 자꾸 왔다 갔다 하는 스님들도 많았다. 그것도 다 수행이려니…….

어쨌든 안내표지판에 표시된 것의 3분의 1쯤 봤던 것 같다. 표시가 되어있었는데 그래도 담 아래 핀 그때 그 꽃(문수암에서 보았던)들이 섭섭한 마음을 달래주었다. 이름을 아직 몰라서 이렇게 적었다. 언젠가 알게 되겠지. 나중에야 상사화인 것을 알았다. 꽃말이 '이루어질 수 없는 사랑'이라고 했는데 진여를 찾는 일은 현세에서는 이루어지기 어려운 일일까?

관음전은 대웅보전 좌측 뒤쪽에 있는데 나름대로 자신의 영역을 가지고 있었다. 잃어버린 왕조의 고종황제와 연관이 있음을 설명하고 있지만 조그마하게 남아 있는 향수 그 이외에 무엇이 남아있을까.

관음전의 오른쪽(설명서에 따르면 하사당 쪽인데)에 불이문이라는 현판을 가진

관음전을 조망한 모습.

작은 문이 있었다. 초등학생 손자와 함께 온 어떤
할아버지가 여긴 아직 두 번째 문이 아니라고 하
셨다. 어디에 두 번째 문이 있나? 정문인 진여문
은 출입금지인데, 하고 지나갔다. 여기가 두 번째
문이 아니라는 불이문이 있는데 제2의 문이 어디
엔가 있지 않겠습니까.

현재 종고각 자리에 있던 해탈문은 어디로 가
고 수선사로 들어가는 입구(진여문) 쪽도 아닌 여
기 어느 한쪽 측면에 불이문이 있을까. 무슨 사연
이 있었겠지요. 절이 여러 차례 중창(대중창만 여덟
차례라고 하던데)을 거치면서 교리적 충돌과 환원
뭐 그런 일이 있었을지도 모르지……. 비 맞은 누
구처럼 혼자 구시렁거린다고 하던가. 그러면서
나는 이 절의 제일 위쪽에 있는 보조국사 사리탑
이 있는 쪽으로 걸어갔다. 불일보조국사 지눌스

관음전 정면 모습(상). 관음전 내부
관음보살상을 클로즈업 해봤다(하).

관음전 우측에 불현듯 나타난 불이문(좌). 불일 보조국사 지눌스님 감로탑 오르는 길(우).

님이 '감로탑'이라 칭하던 그 길을 올라가면서 이참에 감로탑의 유래에 대해 되새겨보았다.

> **감로탑** '보조국사' 지눌스님이 고려 희종 6년(1210년) 열반하자 '불일보조국사'라는 시호와 '감로탑'이라는 승탑의 탑호를 받았으며, 송광사 경내에서 몇 차례 옮겨졌으나 지금은 원래 자리에 있으며 바닥 돌을 제외하고는 원래의 형태를 유지하고 있다.

내려오는 길, 관음전 옆으로는 전부 출입금지였다. 그

끝에서 오른쪽으로 돌자 효봉대종사(1888–1966)를 기리는 공간이 있었다. 효

불일 보조국사 지눌스님의 감로탑(우)과 기념비(좌). 그 옆의 사진은 감로탑 있는 곳에서 각도를 약간 낮게 내려다본 송광사의 지붕선들. 지붕 이외의 벽들이 보이는 것이 속살을 보이는 것 같아 찔끔했다.

효봉대종사의 사리탑으로 가는 길의 '무무문'. 대도무문에서 따왔다고도 하는데…… 무문조차도 공空하다는 것일까.

봉대종사는 일제강점기에 판사라는 직위에 이르렀으나 1926년 금강산 신계사에서 사미예를 받았다. 이후 금강산에서 정진을 계속하다 1935년부터 금강산을 떠나 남방으로 운수 행각을 시작하였으며 오대산, 태백산, 덕숭산을 거쳐 1937년 승보사찰 송광사를 참배했다. 그리고 1938년 송광사에서 대종사 법계를 품수하게 되었고, 1946년 해인사에 가야총림이 성립하자 이곳의 초대 방장으로 추대되어 송광사를 떠났다. 그리고 1957년 대한불교 조계종의 총무원장에 추대되었고, 1958년 대한불교 조계종 3대 종정이 됐다. 1966

효봉대종사의 사리탑(좌). 효봉스님의 영전을 모신 효봉영각(우).

좌우에 작은 연못까지 갖춘 '해우소' 건물(좌). 송광사를 돌아 나오는 길에 있는 징검다리(우).

년 경남 밀양 재약산 표충사 서래각으로 이석하고 그 해 이곳에서 입적했다. 내려오는 길에 마주친 좌우에 작은 연못까지 갖춘 단아한 건물. 그곳은 해우소였다. 해우소를 좌측으로 돌아내려 오는 길에는 징검다리로 건너는 길이 있었다.

나는 징검다리를 건넌 뒤 다시 일주문을 통과해서 조계산 등산로를 따랐다. 오늘의 마지막 코스 화엄전으로 가는 길이다. 이곳도 '외부인 출입금지', 나는 그저 밖에서 서성이면서 조금씩 드러내고 있는 모습을 볼 뿐이었다.

밖에서 본 화엄전 모습.

또 다른 화엄전 모습.

혹시나 해서 등산로를 따라 돌아가다 만난 대나무 숲길(좌). 내려오는 길에서 만난 그때 그 꽃이……(우).

나는 혹시나 안에 들어가 볼 수 있을까? 등산로를 더 따라가 보았지만……
발길을 돌릴 수밖에 없었다. 혹시나 해서 등산로를 따라 돌아가 보았다가 우
연찮게 대나무 숲길을 만났다. 그러나 숲길이라고 하기에는 너무 짧았다.

나는 아까의 다짐처럼 오를 때와는 달리 내려올 때는 산책로를 따랐다. 산
책로는 오를 때의 차도처럼 단정하지는 않아도 나름대로 아름다움을 지니고
있었다. 너무 짧았다는 생각을 갖게 할 정도로…….

송광사는 승보종찰답게 불교에서 가질 수 있는 여러 가지 믿음의 형태를
모두 갖추어 놓은 것으로 보였다. 삼 분의 일만을 보았는데도 이렇게 느껴지
니 전부 다 보았으면. 원래 의상대사가 화엄종을 전하면서도 수행을 중시하
여 선종의 풍을 품었다면, 지눌국사는 선을 수행하면서 대장경을 읽어 선과
교, 마음과 말씀으로 이해하셨다고 하는데…….

내려오는 길에서 …… 어느 모퉁이 길

돈추頓秋. 이 사진을 보고도 느껴지지 않는가, 문득 가을이 왔음을.

　　당초 송광사의 배치는 화엄일승법계도의 도표처럼 복잡하게 얽혀 설계되어 비가 내릴 때도 비를 맞지 않고 다닐 수 있다고 한다. 실제 100여 년 전 찍은 것으로 추정되는 사찰 전체의 사진을 보면, 지금의 대웅전 앞마당이 비어 있지 않고 법왕문이었던 것으로 추정되는 건물과 대웅전을 중심으로 사찰 전체가 퍼져 있는 것처럼 보인다. 그러나 현재의 사찰 전체사진을 보면 유난히 넓은 대웅전 앞마당을 중심으로 각각의 전각들이 퍼져 있는 것을 알 수 있다.

　　선종에 바탕을 두고 화엄사상을 접했던 보조국사지눌의 사상이 절 배치에 많이 반영되었다고 하는데 참고가 된 화엄일승법계도(불교의 문장인 '卍' 자의 변형된 형태)가 과거 형태였다면 중창을 거친 지금의 형태는 '卍'의 기본형이 변해서 卍가 되었나? 과연 가운데를 비워 놓은 것은 공空하다는 것의 또다른 표현일까? 그래도 종합, 통합을 통해서 일관성을 가질 수 있을까. 당초 둘이 아니거늘…… 불이不二.

　　그냥 돌아가기에는 허전한 생각이 들어서 얼마 떨어지지 않은 곳에 있는 고인돌 공원을 들렀다. 그곳에서 건진 사진 하나…….

　　또 하나의 돈추頓秋.

　　문득 가을.

점추……
화엄사에서 깊어가는 가을

점추漸秋. 점진적 가을, 가을의 순조로운 진행. 오늘은 10월의 두 번째 일요일이다. 2주 전 송광사에 갔을 때는 돈추頓秋라고 했었는데…… 이렇게 가을이 이어지면 깊어지고 그리고 나면 다가오는 것을 만추晩秋라던가. 그리고 가을은 가버리는 거겠지.

화엄사 주차장에 차를 세워두고 반야교를 건너 주차장을 나오는데 맞은편에 비림이 보였다. 주차장 맞은편에 승탑도 보였다. 벌써부터 화엄사 기운이 감돈다. 이제 화엄사로 올라가볼까.

화엄사 일주문 맞은편 방장교에서 개울 위쪽을 본 모습. 점추漸秋.

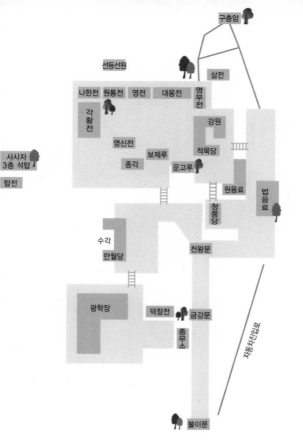

구충암

선등선원

삼전

나한전 원통전 영전 대웅전 명부전

각황전

강원

영신전

적묵당

보제루

종각

운고루

사사자 3층 석탑

탑전

원융료

법음료

청풍당

수각

만월당

천왕문

광학장

덕장전

금강문

종무소

자동차진입로

불이문

화엄사 사이트의 가람배치도. 최근에 많은 불사가 이루어진 흔적이 있고 지금도 계속되고 있는 모양이다. 이 배치도도 많이 손봐야 하는 것 아닌가 생각했다. 우리가 일주문이라고 여기고 있는 곳의 표기가 불이문으로 되어 있다.

이곳은 일주문에서 많이 벗어난 곳에 있구나…… 주위를 둘러보니 일주문 밖에 바싹 붙어 있는 것보다는 나은 것 같았다. 그런데 화엄사 사이트의 가람배치도나 네이버 지도에는 우리가 일주문이라고 생각하는 그 문의 명칭이 불이문이라고 되어 있었다. 매표소에 들어설 때의 그 문도 일주문의 형태를 갖추고 있는 것을 보아서는 그럴 수도 있겠다 싶었지만 그 안쪽에 있는 금강문이나 천왕문은 어쩔 것인가. 또 어찌 보면 그렇게 따질 일도 아니다.

그렇게 된 것에는 다 이유가 있겠지. 깨끗하고 더러운 것, 참과 거짓, 너와 나 등의 일체의 이원적 대립이란 것은 그것을 초월하면 결코 다른 것이 아니라는 것(不二)을 미리 깨닫고 들어가는 것도 좋겠지.

절의 이름이 화엄이라서인지 일주문에 들어서기 전부터 예사롭지 않은 기운이 느껴졌다. 화엄사에 대해 다시 조사해보았다.

화엄사 '544년(진흥왕5)에 인도 승려연기가 세웠으며 670년(신라문무왕 10) 의상대사가 화엄십찰 중의 하나로 중수하였으며 장육전을 짓고 그

어쨌든 일주문.

벽에 화엄경을 돌에 새긴 석경을 둘렀다고 하는데 이때 비로소 화엄경 전래의 모태가 되었다. 사지寺誌에서는 가람 8원 81암 규모의 대규모 사찰로 화엄불국세계를 이루었다고 한다. 신라 말기 도선 국사가 중수하였고, 고려시대 여러 차례 중수를 거쳐 보존되어 오다가 임진왜란 때 전소하였고 장육전을 두르고 있던 석경은 파편으로 돌무더기로 있다가 현재는 각 황전 안에 일부가 보관되어 있다. 1630년 벽암대사가 크게 중수하여 화엄사를 다시 일으켜 다시 세웠다고 한다.

주요 문화재로는 석등(국보 제12호), 사사자 3층 석탑(국보 35호), 각황전(국보 제67호), 동5층 석탑(보물 제132호), 서5층 석탑(보물 제133호), 대웅전(보물 제299호), 원통전전사자탑(보물 제300호) 등이다.(대한불교조계종 제19교구본사)

최근에 많은 불사가 이루어졌고 또 이루어지고 있어서 그 화려함이 다른 절에 비할 바가 아니었다. 사람 발 닿는 곳은 전부 다듬어진 화강암이 깔려 있어 궁궐을 연상케 했다. 명품사찰, 문득 그 생각이 들었다.

금강문으로 가기 전 왼편에 웅장하고 화사한 목조 건물이 보였다. 새로 지은 건물로 광학장의 연장으로 생각되었는데 아래

금강문 가는 길 좌측에 있는 신축 건물. 광학장의 연장이라고 생각되는데 이 목조 건물의 길이는 앞에 보이는 것에 서너 배 될 정도로 웅장한 것이었다(좌). 앞 사진의 건물을 일주문 밖에서 본 모습(우).

쪽은 아니더라도 위쪽은 목조로 만들어진 것이 틀림없었다. 요즈음에는 콘크리트 구조에 외장만 입히는 경우도 많은데…… 이곳의 각황전이 국내 최대 목조 건물이라고 하니 일단 크고 볼 일인가 보다.

일주문과 연장선에 있는 금강문으로 가기 직전에 있는 축대 아랫부분에 원효대사가 깨달았다는 말이 음각으로 새겨져 있었다. 일체유심조一切唯心造. 본래 이 말은 실차난타가 번역한 80화엄경의 보살설계품에 나오는 게송의 일부이다. 왜 이 말이 이곳에 있을까. 이 사찰의 대문이라고 할 수 있는 금강문에 들어서기 전에 자기 마음 안에 있는 일체의 삿된 것을 다 털어버리라는 것인지도 모르겠다. 턴다고 비워질지는 모르겠지만…….

벽암국일도 대선사비.

금강문 입구에 들어서자 벽암국일도 대선사비가 보였다. 탑비 앞에는 탑비 설명문이 있었다.

'화엄사 중창의 주역인 벽암각성의 탑

금강문 정면모습.

금강문 내부로 왼쪽의 것은 금강역사(밀적금강으로 생각됨)와 보현동자상. 오른쪽의 사진은 금강역사
(나라연금강)과 문수동자.

비이다. 그는 임진왜란과 병자호란에 참전하여 크게 활약하였고 승군을 이끌
고 남한산성을 축성하는 등 조선후기 사회에서 불교계의 위상을 높이는데 공
헌하였다. 또한 전란 후에는 화엄사를 비롯하여 해인사, 법주사 등의 여러 사
찰의 중수를 주도하여 조선후기 불교사에 커다란 발자취를 남겼다.'

　이분이 이끈 승군은 성의 축조 등 공병이나 병참에만 종사했을까, 일본군
과 직접 싸웠을까? 맹자가 왕이 왕도를 지키지 못하면 이미 왕이 아니라고
한 것처럼 인간이 인간이기를 거부한 것 같은 침략자들은 이미 인간이 아닐
뿐더러 생명체라고 할 수 없다는 논리였을까. 무슨 소리냐, 왕은 도망가고 나
라가 망할 판인데…… 호국불교라는 것이 나라가 어려울 때 스님들이 총칼을
들고 나가 싸우라는 것이던가. 일본에도 불교가 있는데 그러면 극락과 지옥

은 각 나라별로 하나씩 만드는 게 맞겠다.

금강역사상은 불법을 훼방하려는 세상의 사악한 세력을 경계하고 사찰로 들어오는 모든 잡신과 악귀를 물리친다고 한다.
이 중 오른쪽을 지키는 역사가 나라연금강이다. 나라연금강의 힘이 코끼리의 백만 배나 된다나. 왼쪽을 지키는 역사가 밀적금강이다. 밀적금강은 야차신의 우두머리라고 하여 손에 금강저를 들고 있다. 금강저는 지혜의 무기이며 번뇌를 부수는 보리심의 상징이란다.

보현동자, 문수동자, 보현보살 그리고 문수보살의 차이점이 있는지 알아보았지만 특별한 의미의 차이는 없었다. 단지 중생들이 쉽게 접근할 수 있도록 동자의 형태를 가진 것이 아닌가 생각되며 특히 금강문에 동자상으로 나타난 것은 무서운 모습으로 현상화한 금강역사를 보완하는 의미에서 작고 귀여운 동자의 모습으로 나타낸 것이라고 볼 수 있다. 여기서 문수동자는 사자를 타고 있는데 그 의미는 지혜를 갖추어 번뇌를 끊는다는 것이다. 그 의미가 알 듯 말 듯 쉽게 다가오지 않았다. 한편 보현동자가 흰 코끼리를 타고 있는 것은 수행을 하는 보살로서 널리 두루두루 공양하며 실천한다는 의미로 한 걸음 한 걸음 천천히 나아가지만 끝내 목적지까지 간다는 의미라고 한다. 이 의미는 금새 이해되었다.

금강문을 지나면 이윽고 천왕문에 다다르게 된다. 안내문에는 일주문과 금강문, 천왕문이 일직선에 있다고 하였는데 입구에서 보는 쪽에서 왼편으로 많이 빗겨나 있었다. 중수하는 과정에서 공간활용으로 약간 옮겨졌는지도 모른다. 그러면 어떠냐, 있는 것으로 의미가 있는 것이지. '일체유심조' 아니겠나.

다시 천왕문을 지나면 새로 단장한 여러 채의 '요'가 있다. 불보사찰, 승보

금강문을 지나면 이윽고 천왕문(1). 보제루 우측에 있는 운고루(2). 단에 올라서서 보제루 옆에서 찍은 운고루 모습. 지붕선과 안쪽 공포의 모습이 날개를 활짝 편 학 같다(3). 보제루 옆의 범종각(4).

사찰, 법보사찰 그리고 이곳 명품사찰? 사찰을 둘러보면서 많은 생각들이 오갔다.

보제루 오른편으로 운고루와 석축 아래쪽으로 당간지주도 보였다. 운고루에는 법고, 목어, 운판을 따로 보관하고 있다. 당간지주는 이곳에 사찰이 있음을 알리는 것으로 대문 밖 어디에 세워야 하는데 자리가 마땅치 않아 이곳에 두었나 싶었다. 그래 이제는 높이 세워 절이 있음을 알리지 않아도 내비게이션을 이용하면 다 오는데 뭐…… 적당히 자리 잡아서 보관하는 데 그 의의가 있겠지……

보제루. 입구 쪽에서 본 모습.

보제루 왼편에는 범종각이 있다. 보통의 사찰에는 1층 범종, 2층에 북이나 목어, 운모 등을 두는데 이곳에는 법회 때 승려나 신도들의 집회강당으로 쓰였다는 보제루를 사이에 두고 왼편에 범종각, 오른편에 운고루가 있다.

보제루는 전남 유형문화재 제49호이다. 보제루란 모든 중생을 제도하는 곳이라는 뜻이다. 만세루, 구광루라고

도 한다. 조선 인조 때 벽암대사 각성이 짓고, 순조 때 대대적 보수를 하였다고 한다. 다시 보제루에 대한 설명을 인용하자면 다음과 같다.

> 초기에 보제루는 금당의 뒤쪽에 있었던 강당의 기능을 금당 앞쪽에서 대신하여 모든 법요식을 행하던 건물이다. 그러나 금당 또는 대웅전의 규모가 커짐에 따라 그 기능을 상실하게 되어 현재는 대부분의 사찰에서 법요를 개최하지 않고 각 법당에서 하는 경우가 많다. 이 누각은 불이문의 기능을 함께 하고 있다.

내가 그동안 다녀본 바로는 물론 아닌 곳도 있었지만 화엄종과 관계된 사찰들은 대개 대웅전의 맞은편에 이런 대형누각이 있고 일반 신도들은 이곳에서 기도를 하며 이곳을 넘어서는 승려들만이 갈 수 있는 지상에 펼쳐진 불국의 모습이었다. 대웅전, 극락전, 명부전……
그래서 이런 누각의 아래를 통과하는 문을
불이문, 해탈문, 안양문(안양은 극락의 다른 표
현으로, 안양문이라고 하면 극락에 드는 문이라고
할 수 있을 것 같다)이라고 하는 것이라고 생각
된다. 절에 구경하러 온 관광객들이나 섣부
른 신자들은 이 문을 쉽게 통과하겠지만 그
의미로 본다면 그렇게 쉽게 들락날락할 일
은 아닐 것이다. 이 누각이 불이문의 기능을
한다는 것은 무슨 뜻일까. 어떻게 기능하는
것일까.

보제루에서 대웅전에 오르기 전 좌우에
석탑 두 개가 있다. 먼저 보여주고 싶은 것
은 동5층 석탑.

대웅전 우측에 있는 동5층 석탑(상).
서5층 석탑. 보물 제133호(하).

서쪽에 있는 서탑은 각 면에 조각상들이 새겨져 있는데 비해 동5층 석탑은 아무런 장식이 없다. 다만 탑신 각 면에 우주만
모각되었을 뿐이다. 동5층 석탑은 보물 제132호이다. 동5층 석탑은 5층의
고준한 석탑이면서 단층기단을 형성하였으며, 세부 수법에서도 간략화한 양
식이 보이며 이 탑의 조성연대는 서탑에 준하는 9세기 경으로 추정된다.

서탑과 동탑이 한 곳에 있어서 서탑, 동탑이라고 하고는 있지만 두 탑은 전
혀 다른 느낌을 준다. 서탑은 탑신에 새겨진 조각상이나 옥개석의 경사와 전
각이 반전의 경쾌함을 주는 화려한 한복의 모습이라면 동탑은 무명치마 저고

247

석축 아래(석탑이 있는 위치)에서 본 대웅전. 새로 설치한 듯한 괘불대에 괘불은 아직이다.

리를 입고 있는 것 같다.

여러 상들의 조각 수법은 다소 경직성을 면하지 못하나 석탑의 비례에 따르는 경쾌한 기품과 조화를 이루고 있다. 석탑의 조성연대는 신라 하대인 9세기 경으로 추측된다.

대웅전은 각황전과 같은 높이에 세워져 있으며 각황전과는 직각을 이루고 있다. 내부에는 비로자나불을 본존으로 하는 비로자나삼신불좌상을 봉안하였다.

이곳에 있는 비로자나삼존불상은 화엄사상의 삼신불인 비로자나, 노사나(부처님의 참다운 모습), 석가불을 표현한 것인데 도상 면에서 법신, 보신, 화신(응신)을 나타내는 귀중한 예이다. 이러한 삼신불은 불화에서는 많이 보이지만 조각으로는 드문 편이다. 특히 보관을 쓴 노사나 불이 조각으로 남아 있는 예는 거의 없다. 이 목상은 도상이나 양식 면에서 17세기의 기준이 되는 불상으로 의의가 있다. 한국민족문화대백과에서는 다음과 같이 해석하고 있다.

노사나불의 의미를 해석하는 데 종파에 따라 조금씩 달리하나 비로자
나와 노사나 석가모니를 각각 법신–진리의 몸–보신–깨달은 몸–응

대웅전을 각황전에서 본 모습.

명부전.

대웅전과 명부전.

신－중생을 구제하는 몸에 해당하는 것으로 보면서도 이 셋을 서로 다
른 부처로 보지 않는 천태종의 견해가 일반적으로 받아들여지고 있다.

너무 무거운 것을 이고 있어 제 힘으로 버티기가 어려운 것인가 보다. 가느
다란 철제기둥에 의지하고 서 있는 대웅전의 모습이 보인다. 중수한 분들의
과욕이거나, 옛날보다 기술이 떨어지거나. 예전에는 철제기둥은 없었으리
라. 기왕에 갖추게 된 무거운 머리, 이렇게라도 견디어야 하지 않겠습니까.

대웅전 오른편에는 명부전이 있다. 살면서 조금 어두운 면이
있었더라도 기대해보는 것도 좋겠다. 비록 가느다란 철기둥에 의지하고 있기

영전

는 하지만 부처님 계신 곳이 훨씬 크지 않은가. 어지간하면 명부에서 잠시만 머물고 부처님 계신 곳으로 옮겨오지 않겠는가 말이다.

대웅전 왼편에는 영전이 있다. 옆의 대웅전이나 원통전과 영전을 비교해보면 기단에서 차이가 크게 난다. 이름으로 보아 조사의 진영을 모신 것 같기도 한데 임진왜란 때 파손된 화엄석경 파편들이 보관되어 있다고 한다. 60년대 말 신문에 개재된(경향신문 1968. 12. 23) '버림받은 문화재'라는 칼럼에 허물어져가는 문화재의 대표적인 것으로 게재된 사진을 보면 기단을 포함해서 전체적인 모습이 지금과 비슷한 곳이 한 군데도 없어 보인다. 옛 모습을 그대로 갖추고 있는 것이 좋은가, 아니면 새로 단장해서 잘 꾸며 놓은 것이 좋은가. 이러나저러나 불이不二거늘.

영전 왼편에 원통전이 있다. 각황전 앞이라고 하는 편이 더 낫겠지.
원통보전 또는 원통전이라고 하는 것은 관세음보살이 그 절의 주불일 때 붙이는 이름인데 이곳에서는 관음전의 다른 이름으로 썼다. 관세음보살은 다른 부처와 달리 현세적인 이익을 주는 보살로 중생이 원하면 어디에나 나타난다. 성관음(소리), 천수천안관음, 마두관음(말머리), 십일

원통전(좌). 원통전 내의 관음보살상. 가운데 하얀 사각형은 외부 빛의 반사로 피할 수 없었다(우).

면관음, 여의륜관음, 준제관음, 불공견삭관음의 칠관음이 대표적이다. 이곳에 있는 관음보살좌상은 조선후기에 조성된 것으로 추측되며 재질은 목재이다. 결과부좌를 틀고 있으며 수인은 구 품을 결하고 있다.

각황전은 국보 제67호이다. 본래

각황전의 자리에는 3층의 장육전이 있었고 사방의 석벽에 화엄경이 새겨져 있었다고 하지만, 임진왜란 때 파괴되어서 1만여 점이 넘는 돌들을 절에서 보관하고 있다. 숙종 28년 (1702)에 다시 건물이 지어졌으며, 각황전이라는 이름은 숙종이 지어 현판을 내렸다고 한다.

내부 5칸 크기의 불단에는 석가불(중), 다보불(좌), 아미타불(우)의 3불 좌상과 문수, 보현,

우리나라 최대의 목조건물이라는 각황전(상). 적멸보궁이 있는 뒷산 오르막길에서 본 각황전의 옆과 뒷모습(하).

세지, 관음의 사보살좌상을 목조로 만들어 봉안하였다.

다보불은 동방 보정세계의 교주이며 묘법연화경 '견보탑품'에 나온다. 다보불은 '묘법연화경'을 설하는 자리에 나타나 그것이 진실임을 증명하며 언

제나 석가모니와 같은 연화대에 나란히 앉는다. 다보불이 있는 곳에는 이미 석가불이 나누어 앉아 있는 것이다. 따라서 다보탑을 세울 때는 반드시 쌍 탑을 세워 나머지 하나로 석가모니불을 상징한다. 경주 불국사의 다보탑과 석가탑이 좋은 예이다.

큰 건물이 흔치 않았던 옛날(적어도 수백 년 전)에 이만한 규모에 단청을 곱게 입히고 금빛 찬란한 불상들이 늘어서 있는 것을 그 시대의 중생들이 보았다면 과연 자신이 불국에 들어왔음에 스스로 놀랐으리라. 그때는 지금처럼 건물이 기대고 서 있는 가느다란 철주도 없었겠지. 그동안 무수히 보아 왔는데 이날 왜 이렇게 눈에 밟혔던 걸까.

나한전은 부처님과 16아라한(나한)을 모신 응진전과 500인의 아라한을 모신 오백나한전으로 나눌 수 있다.
이곳 화엄사 나한전에는 석가모니본존에 아난과 가섭을 협시로 하여 16아라한이 있다. 커다란 각황전 옆에 숨듯이 세워져 있는 나한전은 작은 초소 같은 느낌을 주었다. 그렇다. 정문에서는 금강역사들이, 내부에서는 나한들이 불국을 지키고 있는 것이다.

나한전.

원통전 전사탑. 보물 제300호.

각황전 앞 석등. 국보 제12호.

보물 제300호인 원통전 전사탑. 형태로 보아서 탑이라기보다는 석비 같기도 하고 부도 같기도 했다. 탑신의 각 면에 신장상이 얕은 돋을새김이 있는 것을 보면 석비가 아닌 것도 같은데……. 당초에 어떤 사람이나 사안을 기리기 위한 글이 탑신에 있었는데 상황이 바뀌면서 다른 이가 그것을 깎아내고 신장상을 다시 새겨 놓았다. 지붕돌과 아래기단에 비해 탑신이 가늘게 느껴지는 것을 보면…… 소설을 써라, 소설을.

국보 제12호인 각황전 앞 석등. 한국에 현존하는 석등 중 가장 크며 거의 완전한 형태로 전해지고 있다. 통일신라시대 860~873년 사이에 세워진 것으로 추정된다. 웅장한 상층부에 비해 간주가 빈약해 보인다. 상의는 정장하고 하의는 청바지를 입은 것 같은 느낌(요즈음 이런 코디도 유행한다. 물론 그것도 잘 어울리는 사람이 입어야 하는 거지만)이랄까. 전에도 이런 느낌이 든 적이 있었다. 군위 석굴암 아미타여래삼존불의 아미타여래 본존불이 머리나 상체에는 상당한 의욕을 보이다 하체로 내려오면서 그 의욕이 많이 쇠퇴했던 것 아닌가 했던 그때에……. 그래서 예산은 잘 집행해야 한다. 처음과 끝을 고려해서 해야지 의욕만 가지고 되는 것이 아니다. 이곳에서는 무거운 머리를 가지고 적멸보궁이란 안내표시를 하고 있다. 나는 그 표시판을 따라 올라갔다.

사사자 3층 석탑과 그 앞의 석등.

사사자 3층 석탑은 각 부분의 조각이 뛰어나며 살짝
들린 처마에서 경쾌한 느낌을 준다. 조각수법이나 건조양식
으로 보아 통일신라시대의 전성기인 8세기 중엽에 만들어진 것으로 추측되
고 있다. 불국사 다보탑(국보 제20호)과 더불어 우수한 걸작으로 평가되고 있
다. 그러나 새로 단장을 해서인지 조각도 선명하고 코너에 날이 서 있는 것이
그렇게 오래된 것일까 하는 의문이 들었다. 뭐, 잘 정리해 놓았는데 이런저런
토를 다는 것 같기도 하지만…… 나는 이렇게 사자나 사천왕 등이 받치고 있
는 석탑을 보면 왠지 불안한 느낌이 들고 그렇게 좋다는 생각이 들지는 않는
다. 나는 석가탑이나 창녕 술정리 동3층 석탑 같은 것을 더 좋아한다. 불안하
지 않아서 좋다. 여기서 이런 이야기 하는 것이 불경스러울지도 모르지
만……

어쨌든 이 석등은 전체적으로 신라 석등의 전형적인 양식을 따르면서 간주
석을 공양상으로 대치한 것이 특이하다. 이 간주석 내의 공양하는 상은 연기

사사자 3층 석탑. 국보 제35호.

사사자 3층 석탑 앞 석등.

조사라고 불리고 있다는데, 이 석등의 전체적인 양식으로 보아 9세기 후반에 조성된 것으로 추정되고 있다. 이같은 수법으로 조성된 것으로는 강원도 회양군에 있는 금장암석 등을 들 수 있다.

사사자 3층 석탑과 그 앞의 석등이 있는 곳을 '효대'라고도 부르는데 화엄사를 창건한 연기조사가 어머니를 위해 탑을 세웠다는 전설에서 유래했다고 전한다. 전설이라고는 하지만 연기조사 같은 큰스님도 속세의 인연을 끊지 못하였다고 하니 부모자식 간의 인연이라는 것이 참 모질기도 한 것이라는 생각이 들었다. 아! 이 업의 연결고리는 어떻게 해야 끊을 수 있단 말인고?

이렇게 둘러본 화엄사찰은 지나가는 과객을 위한 좋은 콘도미니엄도 매표소 안에 갖춘 현대판 절이다. 승보사찰, 불보사찰, 법보사찰, 그리고 이곳 명품사찰.

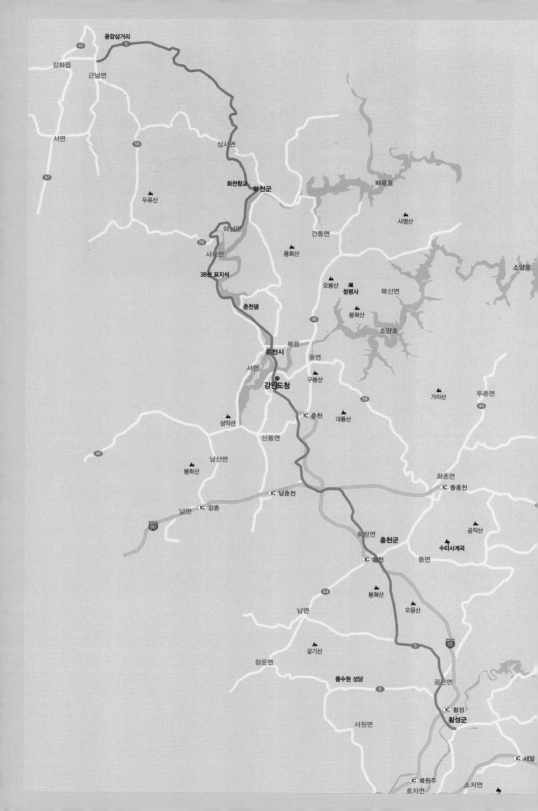

제5장

늦가을에서 초겨울로……
5번 국도 종점을 향하다

55번 중앙고속도로 → 횡성 IC에서 5번 국도 → 읍하리 3층 석탑 → 풍수원 성당 →
풍수원 십자가길 → 5번 국도 → 공근면에서 406번 지방도로를 갈아탐 → 논밭 사이
2차선 지방도로에 있는 횡성군 공근면 상동리 3층 석탑과 석불좌상 → 406번 지방도
로 → 공작산 수타사 → 봉황문(천왕문) → 봉황문 오른쪽에 보장각, 봉황문 앞에는 흥회
루 → 수타사 중심법당은 대적광전, 수타사 중심에 원통보전, 그 뒤쪽에 삼성각이 위치
→ 홍천에서 다시 5번 국도로 복귀하여 춘천행 → 도청 근처의 춘천 7층 석탑 → 소양
댐 → 청평사 → 도중에 있는 공주와 상사뱀 조각상과 거북바위 조각상 → 회전문과 경
운루를 거쳐 대웅전 좌측에 관음전, 우측에는 나한전, 뒤측에 극락보전, 극락보전 우측
에 삼성각이 자리 잡고 있는 수타사를 둘러봄 → 요사채를 지나 해탈문 → 다시 춘천
→ 매천대교 → 월송리 → 춘천시 서면 서상리 3층 석탑

강원도 춘천에서 화천으로 가는 5번 국도 → 춘천댐 → 원평리(춘천시 사북면)로 갈라지
는 길 → 도로 한쪽의 38°선 표지석 → 산길 → 사북면 사무소 → 다시 춘천댐 변(혹은
북한강변) → 화천 → 붕어섬 → 화천군 하남면 위라리 397 '풍익홈' 내부에 있는 위라
리 7층 석탑 → 5번 국도 → 화천 터널 → 화천향교 → 화천터널 → 산양리 버스터미널
→ 검문소에 검문소 → 마지막 용암삼거리 검문소 → 실제 5번 국도 종점은 김화읍 읍
내리 읍내 삼거리에서 43번 국도와 만나면서 끝남(여러 차례의 검문으로 용암삼거리 검문소
에서 여행을 끝냄) → 5번 국도 → 대구 목적지를 향해 출발!

최초의 천주교 신앙촌, 풍수원

오랜만에 다시 찾게 된 5번 국도. 토요일 아침 일찍 출발하게 되었다. 11월의 주말이라 새벽 6시쯤 되었는데도 아직 어두웠다. 여명의 고속도로. 석양의 그것과는 전혀 다른 느낌이 들었다. 막연한 기대감 같은 것이라고나 할까? 55번 중앙고속도로를 따르다 횡성 IC에서 5번 국도로 내려왔다. 먼저 찾아본 것은 읍하리 3층 석탑. 군청을 중심으로 한참을 헤맸는데 찾을 수가 없었다. 물어도 보았지만 아는 사람이 없었다. 아쉬운 마음을 달래며 풍수원 성당을 향했다.

풍수원 성당. 주차장에 차를 주차하고 입구 쪽으로 걸었다. 잘 다듬어진 도로에서 어딘가 빈 구석이 느껴지는 것은 계절 탓이리라.

성당전경. 종탑이 수리 중이었다.

성당의 측면 뒤쪽에서 본 모습.

1800년대 초 신유박해 이후 경기도 용인의 신도들이 피난처를 찾아헤매다 정착한 곳. 이곳이 한국 최초의 천주교 신앙촌인 풍수원이라고 한다. 전에 들렀던 한티 마을 신자촌도 비슷한 시기에 생긴 것이다.

성당은 1896년 2대 주임으로 부임한 정규하 신부가 중국인 기술자 진베드로와 함께 현재의 성당(벽돌 연와조 120평)을 1905년 착공, 1907년 준공하였고 1909년 낙성식을 가졌다. 그래서 이 성당은 한국인 신부가 지은 한국 최초의 성당이며 강원도 최초의 성당이고 한국에서 지어진 4번째 성당으로 알려져 있다. 최초라는 말을 강조할 필요가 따로 있으랴? 그 모두가 천주님의 품안이거늘……

성당 뒤편에 있는 성모 마리아상.

성당 뒤편에 있는 구 사제관 건물.

사제관으로 지어졌다는 건물은 성당처럼 벽돌 연와조 양식이었다. 현재는 풍수원 성당 유물전시관으로 쓰이고 있으며 건축

연대는 1912년, 2005년에 문화재 163호로 지정되었다. 구 사제관 앞 안내
표지판에 재미있는 말이 적혀 있어 소개한다.

> 저희 집 사제관은 이제 준공되었습니다.
> 지금은 새집에 살고 있습니다.
> 그러나 썩 잘 지었다고 할 수 없습니다.
> ─정규하 신부 서판에서 1913.10.1

그분은 무엇이 불만이었을까. 불만의 내용은 안 적혀 있으니 알 수 없지만
불만족은 발전의 원천이다. 불만족조차 좀더 긍정적으로 바라보자는 얘기다.

여기저기 공사를 위한 터를 많이 닦아 놓았다. 5번 국도로 복귀하는 길에
서 성지순례 중인 200~300여 명의 신자들과 마주쳤다. 천주님의 은총을 빕
니다!

5번 국도로 복귀하여 오다가 공근면에서 406번 지방도로를 탔다. 평범한

풍수원 십자가길.

풍수원 뒤편 야산과 골자기에 이루어지고 있는 성역화 작업 터.

논과 밭들 사이를 가로지르는 2차선 지방도로변에 우뚝 서 있었다. 이내 2차선 지방도로에 바싹 붙어 있는 상동리 3층 석탑과 석불좌상이 눈에 들어온다. 석탑은 이렇게 정면을 보는 것보다 비스듬히 봐야 진짜 자기 모습을 보여준다. 지붕과 몸돌이 각각 하나의 돌로 만들어져 있으며 3층의 탑신은 유실되어 복원(1998년)할 때 만들어 보충한 것이란다. 실제 비율을 고려하면 균형이 약간 무너지는 것을 느낄 수 있다.

신라시대의 양식을 이어받은 고려 초기의 석탑. 밭에서
출토된 것을 이곳으로 옮겼다는데 원래 절이름은 '성덕사'라고 전해진다. 반면, 상동리 석불좌상은 3층 석탑과 함께 있기는 하지만 그 기원이 같은 것인지는 모르겠다. 통일신라 후기에 만들어진 것으로 추정되며 광배는 없어졌고

횡성군 공근면 상동리 3층 석탑과 석불좌상(좌). 정면으로 바라본 상동리 3층 석탑(중). 비스듬히 본 석탑의 모습(우).

상동리 석불좌상. 머리 부분은 유실되어 새로 만들어 보완한 것(좌). 석불좌상 쪽에서 본 모습(우).

과거에는 머리 부분에 목 잘린 것을 올려 놓았었는데 최근 유실되어 새로 만든 것을 얹어 놓았다고 한다.

수인은 항마촉지인을 하고 있으며 신체는 사실적으로 표현하고 있다. 땅속에 오래 묻혀 있었던 터라 '천 년의 옷'을 입고 있다고 말해볼 수 있겠다.

뭐, 큰 거 하나 건진 것 같아 기분이 좋아졌다. 이 406번 지방도로를 따라 공작산 수타사로 향했다.

공원의 일부가 된
수타사를 따라가다

406번 지방도로를 따라 공작산 수타사를 들르고 홍천에서 다시 5번 국도와 만나면 된다.

수타사壽陀寺. 자료마다 한자가 틀려서 한번 적어 보았다. 수타사는 절을 중심으로 그 지역 전체를 공원화하는데 역점을 두고 조성된 느낌이다. 덕치천을 중심으로 좌측에 수타사, 인공적으로 만들어진 공원이 드넓게 펼쳐져 있다.

범 례
1 현대불교육관
2 주차장
3 교육재활동산촌
4 수변산책로
5 화장실
6 홍 남
7 수타사
8 수변식물원
9 공룡발원지
10 물기정자(용수대)
11 환경습지
12 사각정자
13 신행풍
14 홍무공부오군
15 상춘석탑

수타사와 주변의 안내도.

덕치천 우측을 따라 올라가면서 건너편의 '수변 관찰로'를 바라보았다(1). 비림, 어디 더 조용한 곳이 낫지 않을까 생각해봤다(2). 입구로 들어가기 전 멀리서 바라본 수타사 전경(3).

덕치천 오른쪽으로 향했다. 이곳에도 역시 비림이 있다.

최근에는 승탑이라는 말로 통일하기로 했다던데 명칭이야 아무려면 어떠리. 수타사 쪽으로 건너가기 전에 왼편으로 조금 올라가면 강원도 문화재 제11호인 3층 석탑이 있다.

이 탑은 단층기단의 3층 석탑이다. 1층의 탑신만 있고 2층, 3층의 탑신이 없어졌을 뿐 아니라 상륜부도 사라졌다. 현재의 수타사는 1595년(선조2년)에

수타사 3층 석탑(좌). 역시 탑은 비스듬히 보아야 제멋을 보여준다. 몸통 돌은 잊어버렸지만 그래도 의연함이 남아 있지요? 맞습니다. 맞고요(우).

중창한 것으로 여기서 보면 개울 건너편에 있다. 이 탑이 있는 터가 먼저 세워진 절터로 보이며 이 탑의 추정연대는 고려 후기로 생각된다. 원효에 의해서 창건되었다는 일월사는 어딘지 알 수가 없다. 다만 절로부터 약 8km 상류에 매우 큰 3층 석탑이 무너져 있다는데 그곳이 아닐까 생각되었다.

멀리서 바라본 수타사는 기와집이 많은 옛날 부촌처럼 보였다. 대부분의 절이 산비탈을 이용해 들어갈수록 높아지게 마련인데 이곳 수타사는 천변의 낮은 구릉에 조성되어 있다. 그래서 절처럼 보이지 않고 집들이 고풍스럽게 죽 늘어선 것처럼 보이는 것이다.

90여 년 전 수타사 주변은 온통 논밭이었다. 이런 허허벌판을 전부 공원으로 바꾸어 놓아서 수타사가 오히려 공원의 일부처럼 보였다.

다리 위에서 바라본 수타사.

1920年代 壽陀寺 全景

90여 년 전의 수타사 전경.

수타사 위쪽으로 조성되어 있는 연못.

예산 많이 받아 잘해 놓으면 좋은 일이지, 더구나 이곳은 어지간한 사찰이면 다 받는 입장료도 없지 않은가?

드디어 봉황문. 보통 천왕문이라고 하는데 봉황문으로 현판을 썼다. 아? 그래, 해인사 천왕문 안쪽에도 봉황문이라는 현판이 걸려 있었다. 왜 봉황문이라고 하는지 그때도 모르겠고 지금도 모르겠다. 자료도 못 찾겠다.

이곳에 있는 사천왕들은 나무뼈대에 새끼줄로 감고 그 위에 진흙을 발라

봉황문.(천왕문)

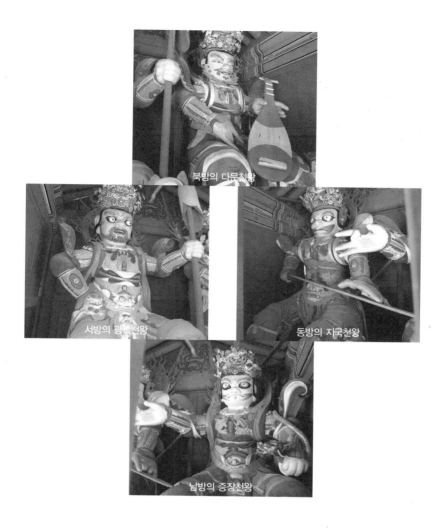

북방의 다문천왕

서방의 광목천왕

동방의 지국천왕

남방의 증장천왕

형태를 만들고 채색을 한 것이다. 목상이 아니라 그런지 변형도 적고 색감이 좋았다. 사천왕은 동방의 지국천왕, 서방의 광목천왕, 남방의 증장천왕, 북방의 다문천왕으로 전체크기는 3미터가 넘는다.

봉황문을 통과하면 좌측에 있는 범종각. 범종각의 동종은 몸통에 1670년(현종11년)에 만들어졌음을 알려주는 문구가 있어 정확한 제작연대를 알 수 있는 조선시대 중기의 종이다.

범종각.

수타사 동종.

봉황문 오른쪽에 있는 보장각, 보물 제745호로 지정된 〈월인석보〉 제17권과 18권이 보관되어 있다.

〈월인석보〉는 석가의 일대기로 불교 대장경이다. 세종

이 지은 〈월인천강지곡〉과 세조가 지은 〈석보상절〉을 개고해 합편한 책이다. 총 25권으로 추정되며 우리나라 최초로 불교서적을 한글로 번역한 책이다. 내용은 법화경 2, 3권의 내용이 주를 이룬다고 한다. 훈민정음 창제 이후 제일 먼저 나온 불경언해서이며 당시의 글자나 말을 그대로 보전하고 있어 국어사상 매우 귀중한 문헌이다.

보장각 건물 2채 중 1채.

목판본이 보관되어 있는 모습.

흥회루. 　수타사.

봉황문 앞에 놓인 것은 흥회루로 수타사 현판을 가지고 있다.

'누'라고 하면 복층구조를 갖기 마련인데 이것은 단층으로 건조되었으며 대적광전을 향해 예배드리거나 법회 시 사용되는 건물이었다고 한다. 이곳에 목고, 목어, 법고와 동종이 있었는데 동종은 앞에서 본 것처럼 별도의 범종각을 지어서 나갔고 나머지는 그대로 있다.

그리고 그 앞에 대적광전. 이곳이 수타사의 본전에 해당한다. 옆에 관음보살을 주불로 모신 크고 화려한 원통보전이 있는데 이 대적광전은 관음보살을 주불로 하던 절(암자)에 덧씌워진 존재처럼 느껴졌다.

그러면 좀 어떠리. 그렇다고 법이 바뀌나. 대자대비의 관세음보살이나 법

수타사의 중심 법당이라는 대적광전.

대적광전 내의 비로자나불.

원통보전.

삼성각.

신인 비로자나불이나 그분들의 가피를 빌어야 하는 우리 중생들에게는 까마득히 높이 계신 분들인데 주불에 무슨 서열이 있겠습니까.

원통보전. 보통 관세음보살이 사찰의 주불일 때 관세음보살을 모신 전각을 원통보전이라고 하며 사찰 내의 일개 전각일 때는 관음전이라고 한다. 수타사에서는 넓은 마당의 중심에 위치하고 있다. 원통보전 내부에는 십일 면 관세음보살을 모시고 좌우 불단에 소천 불좌상이 봉안되어 있다.

대적광전 뒤쪽에 있는 삼성각. 대개는 신자들이 안에 있어서 사진을 찍을 기회가 없었는데 이번에는 여유가 있었다.

삼성은 산신의 탱화, 독성의 나반존자, 칠성의 치성광여래를 일컫는다. 삼성 중 치성광여래에 대해 살펴 보았다.

치성광여래 치성광은 북극성을 의미하며 불교가 우리나라 재래의 민간신앙을 흡수한 예로 다른 나라 불교에서는 찾아볼 수 없다. 일광보살, 월광보살과 함께 삼존불을 이루고 주변에는 칠여래와 칠원성군이 배치된다. 아이의 수명을 관장하고 재능을 준다고 하여 예로부터 민간에서 많이 믿었다. 특히 약사여래와 비슷하여 자식이 없거나 아들을 낳고자 하는 여자, 자녀의 수명을 기원하는 이들이 많이 믿었다.

삼성 중의 하나인 산신의 탱화(1). 삼성 중의 하나인 독성 나반존자의 탱화
(2). 역시 삼성 중의 하나인 치성광여래와 좌우 일광, 월광보살 그리고 칠성
을 상징하는 칠원성군을 나타내는 탱화(3).

요사채를 빼고는 다 둘러보았다. 봉황문
을 나서는데 역시 덜미가 당겨지는 기분.
다리를 건널 때는 눈에 띄지 않았던 아래쪽
골짜기가 시원하게 펼쳐져 있었다. 주변 꼬
마들이 선뜻 물에 들어가지 못하는 것을 보
면 역시 늦가을이었다.

다리 아래쪽 시원하게 펼쳐진 골짜기. 주변 꼬마들이
선뜻 뛰어들지 못하는 것을 보면 역시 늦가을이었다.

청평사에서
해탈문에 이르는 길

홍천에서 다시 5번 국도 복귀. 서둘러야 했다. 홍천에서 춘천으로 가는 마지막 고개를 넘었다. 고개에서 바라본 춘천 시내가 신기루처럼 보였다.

드디어 눈 앞에 보이는 춘천 7층 석탑. 도청 근처의 중심가에 자리 잡고 있는 탑으로 보물 제77호이다. 사진에서도 알 수 있듯이 상층면석 이상의 부재는 모두 원래의 것이지만 하층 기단부는 갑석 일부와 면석 버팀기둥 일부만이 원래 것이고 나머지는 모두 새로 해넣은 것이다. 전체적 모습으로 보아 고려 중기의 것으로 보인다.

청평사를 향하다가 소양댐 표시판을 봤다. 그래도 춘천에 와서 소양댐은 보고 가야지. 그래서 들렀다. 둘러보기만 하기로 하고.

제방 위에서 바라본 소양호.

왼쪽 기슭에 청평사가 있다. 서둘렀지만 매표소를 지나 주차장에

도착한 것은 3시 30분이 지나서였다. 잠깐이면 되겠지 하다가 한참을 갔다.
식당과 숙박 가능한 산장이 늘어선 길을 지나서야 비로소 산길로 접어들게 되
었다. 오르는 길 어디쯤 덜 마른 나뭇잎과 붉은 단풍나무가 대조를 이룬다.

 이윽고 공주와 상사뱀의 조각상이 나타났다. 날도 어두워지고…… 희미하
게 찍혔지만 공주와 상사뱀에 얽힌 전설을 상기하지 않을 수 없었다. 중국 당
나라 때 이야기다. 공주를 사모하던 한 청년이 신분 차이로 사랑을 이루지 못
하고 상사병으로 죽고 만다. 그 청년이 죽어서 뱀으로 환생하여 사랑하던 공
주를 찾아가 공주의 몸을 감아버렸다는 이야기다. 갑자기 끔찍한 생각이 들
었다. 죽어서도 소유하려는 사랑의 집착 아닌가.

 어둑어둑 길을 헤매며 공주탑이 있음을 알리는 표지판를 만났다. 조금더
지나 청평사 오르는 길가의 거북바위가 떡하니 나를 반겼다. 그리고 이어지

272쪽 사진 설명
홍천에서 춘천으로 가는 길목에서(1). 홍천에서 춘천으로 가는 마지막 고개(2). 춘천 7층 석탑(3). 어떤
가. 비스듬히 보는 것이 훨씬 의젓하지 않은가(4). 높이 123m, 길이 530m, 총 저수량 29억 톤이라는
다목적의 사력댐. 40여 년 전의 그 시절엔 정말 엄청난 공사였을 것이다(5). 소양호 준공기념비(6).

오르는 절정의 단풍나무 풍경.

공주와 상사뱀 조각상.

는 구성폭포이다.

여러 가지 설이 있으나 역시 공주와 상사뱀 전설과 맞물려 있다.

공주는 상사뱀이 자신의 몸을 휘어감자 청평사에서 공을 들여 상사뱀이 떨어져 나가게 했고 이 소식을 듣고 공주탑을 지었다는 것이다. 또한 공주가 기거하던 굴은 공주굴, 목욕하던 계곡은 공주탕이 되었다는 유래가 전해지고 있다. 구성폭포를 바로 위에서 바라보았다. 늦가을이라 그런지 유량이 얼마 안 된다. 그래도 그 모습을 잃지 않고 있다.

공주탑 표지판.

거북바위.

274

구성폭포.

공사가 한창인 입구를 지나자 넓은 뜰이 있고 그 맞은편에 1557년 명승보우에 의해서 중창되었던 건물들 중에서 유일하게 남아 있다는 회전문이 있다.

회전문이라고 하니까 큰 건물 정문에 있는 리볼빙 도어revolving door가 생각나겠지만 그 뜻은 아니고 중생들에게 윤회의 전생을 깨우치게 하려는 마음의 문이다. 문 내부 좌우에 공간이 있어 이곳을 지키는 신장상이 있었을 법도 했다. 지금은 빈 곳이지만. 그러면 이 문이 이 사찰의 정문이 되겠지. 회전문을 들어서면 이내 경운루. 이 누각은 2002년에 중건되었다는데 무척 산뜻했다.

청평사 입구.

회전문.

회전문이 천왕문을 대신한다면 경운루의 루문은 해탈문(불이문)인가? 아니다. 이곳의 해탈문은 청평사 좌측으로 산길을 따라 300~400m는 더 올라가야 있다. 산으로 가야 모든 굴레를 벗어버리고 진정한 나를 찾아 해탈할 수 있다는 것인가. '소은어산小隱於山 대은어시大

경운루.

아래의 루문을 통과해서 되돌아본 경운루의 내부모습.

隱於市'라고 했는데 뜻이 다르면 찾는 것도 다르겠지요. 산에 숨어 있는 것은 작은 것이고 큰 것은 시중에 숨어 있다는 것으로, 큰 도는 시중에 있다는 뜻으로 알고 적었는데 잘 알고 있는지 모르겠다.

참, 나는 놓쳤지만 회전문 앞마당 끝에 큰 나무 두 그루가 나란히 있어 일주문을 대신한다고 한다. 그때는 무심결에 지나쳤지만 나중에 사진을 보니 그럴 듯해 보였다.

대웅전.

대웅전과 좌측의 관음전, 우측의 나한전, 그리고 뒤쪽에 아미타여래를 모신 극락보전 그리고 요사채가 아기자기하게 모여 있다.

대웅전 옆의 관음전.

대웅전 우측의 나한전.

대웅전 뒤편의 극락보전.

대웅보전 좌측에 있는 수령 800년의 소나무.

극락보전 우측에는 삼성각이 자리 잡고 있다. 홀로 그렇게 떨어져 있다. 소곤소곤, 좀 더 멀리 떨어져 있어도 괜찮을 텐데……. 그것도 잠시, 스님들이 거처하는 요사채를 지나 해탈문을 향해 산길을 올라갔다. 옆의 물길은 그 양이 줄어들어 낙엽 사이로 흘렀다.

극락보전 우측에 있는 삼성각.

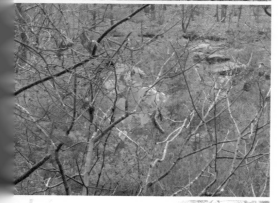

낙엽 사이로 흐르는 물길(상). 몇 안 남은 푸른 잎사귀들(중). 해탈문으로 절 뒤의 등산로를 따라 300~400m는 올라가야 한다(하).

해탈문 오르는 길옆. 다 말라 낙엽이 되어 떨어졌는데 푸른색을 간직한 채 나무에 매달려 있는 몇 안 되는 잎사귀들. '무슨 일인고?'

이윽고 해탈문. 기둥이 후들거리는 모습이 다른 사찰에서 보아왔던 일주문의 모습과 비슷했지만…… 해탈문의 현판을 달고 있으니 해탈문이 분명했다. 이 길로 가면 적멸보궁이 있다고 했으니 부처님의 진산사리를 대하려면 그냥 맨정신에 와서 안 된다는 뜻일지도 모르겠다. 그런데 등산로에 위치해 있어 들락날락할 테니 그 의미가 퇴색될 것 같다. 그냥 의미만 새기도록 합시다. 불이不二이고 진여眞如를 찾아가는 해탈의 의미로.

서둘러 내려왔는데도 산 아래 상가쪽에는 벌써 어두움이 자리를 잡아가고 있었다.

서둘러 잠자리를 찾아야 했다. 그리고 다음날 나는 지독한 감기에 걸리고 말았다. 아침에 일찍 일어났지만 머리도 아프고 온몸이 으슬으슬했다. 창밖에는 세찬 가을비도 내리고 있었다.

'어차피 이번에 전부 끝낼 수는 없을 거야' 이런저런 핑계를 만들면서 아침 식사를 했다.

춘천에서 매천대교를 건너 월송리는 찾았는데 3층 석탑은 찾을 길이 없었다.

'비는 오지요. 지나다니는 사람은 없지요, 몸은 으슬으슬 떨리지요.' 서상리 3층 석탑은 다행히 내비게이션에 있었다. 농로를 따라가다 채소밭 한가운데에서 불쑥 나타난 3층 석탑. 높이 3.5m 강원도 유형문화재 제16호. 이곳은 신라시대 양화사의 절로 알려졌으며 탑 역시 그 시대의 것으로 추정되고 있다. 사진에는 잘 나타나 있지 않지만 많은 비가 내리고 있었다. 이 탑은 이렇게 비가 오나 눈이 오나 천 년을 넘게 서 있었을 것이다. 이 과객 역시 으슬으슬 떨면서도 한참을 그곳에 서 있을 수밖에 없었다.

나는 여기에 왜 왔을까? 무엇을 보기 위해 왔을까? 으슬으슬 떨리는 과객의 마음속에 의문은 꼬리를 물었다. 아이러니하게도 회의나 후회는 없었다.

서둘러 내려왔는데도 산 아래 상가 쪽에는 어두움이 자리를 잡아가고 있었다(상). 춘천시 서면 서상리 3층 석탑의 정면(중). 뒤쪽 측면에서 바라본 3층 석탑(하).

춘천에서 화천으로 가는 길
눈 덮인 산을 만나다

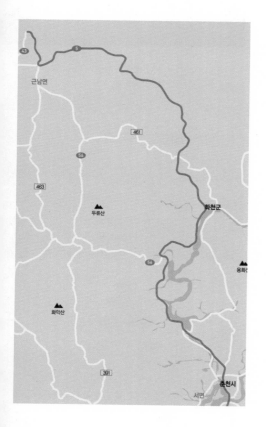

어떻게든 올해 안에 5번 국도 북쪽 끝까지 가고 싶었는데 벌써 겨울에 접어들고 말았다. 눈도 많은 곳이고 추운 곳이라 도로사정을 생각하면 쉽게 엄두를 낼 곳도 아닌데. 그래도 올해 초 시작한 것, 어떤 형태로든지 올해 안에 끝내고 싶다는 마음이 간절해서 다른 일정을 접고 12월 첫째주 주말 무조건 출발했다. 눈이 오면 어쩌나 일기예보도 심상치 않았다. 기온이 떨어지면 도로가 빙판이 될 텐데 더구나 거기에 대응할 수 있는 아무 장비도 없으면서 이렇게 해도 되나, 마음속에 많은 우려가 끊임없이 솟아났지만 그래도 떠났다. 그리고 운이 좋았다. 눈 대신 비가 왔고 기온도 겨울 날씨치고는 비교적 높아 길도 얼지 않았다.

올라갈 때는 중부내륙고속국도 45번으로 가다가 여주에서 영동 고속국도 50번으로 옮겨 5번 국도와는 춘천에서 만났다. 원래는 올라가면서 바로 화천으로 가서 위라리 7층 석탑과 화천 향교를 보고 춘천으로 내려와서 숙박을 하고 다시 화천, 철원 쪽으로 갔지만 여기서는 올라가는 순서대로 적기로 한다. 오전 오후의 시간차이가 있겠지만 큰 의미는 없으리라.

춘천에서 화천으로 가는 5번 국도. 춘천댐을 지나고
부터는 경관의 느낌이 확 달랐다. 겨울이라 수량이 줄어든 탓
도 있겠지만 댐 아래쪽에 군데군데 드러난 강바닥에는 마른 풀만 덮여 있어
썰렁했다. 반면에 댐을 지나고 나서는 짙은 녹색의 강물이 넓게 퍼져 있고
그 강변으로 여기저기 마을이 형성되어 있는 것을 볼 수 있었다. 섬이 많은
남해의 어촌이 떠올랐다. 아니, 이 산중에 무슨 어촌? 느낌이 그렇다는 이야
기다. 우리나라 내륙을 종단하는 5번 국도 상에서는 보기 어려운 풍경이기
도 하니까.

비와 안개가 끼긴 했어도 강변의 풍경이 라인 강변 못지 않는데 도로가
좁아 차를 세울 엄두가 나지 않았다. 조금만 더 가자 조금만, 하다가 원평리
(춘천시 사북면)로 갈라지는 길이 있어 도로에 조금 여유가 생겼다.

원평리 들어가는 길옆에 서서…… 조금 걷히기는 했지만 위쪽으로는 아직 안개가…….

281

그곳에 있는 38° 선 표지석.

그곳 도로 한쪽에 38°선 표지석이 있었다.

참 새삼스럽기도 하다. 우리 어릴 적에는 38°선에 관한 것들을 흔하게 접할 수 있었는데…… 드라마에서, 영화에서, 대중가요 등에서 그리고 휴전선도 있었다. 요즈음 나온 6.25 전쟁과 관련된 영화나 드라마는 피아의 구분이 조금 희미한 것 같다. 휴머니티는 있어도 절대 악과 절대 선의 존재가 불분명하다. 이런 것이 있어야 재미있는데 실제로는 절대 악이나 절대 선은 존재하지 않을지 모른다. 그냥 관념상의 문제일 거다. 기병대와 인디언, 연합군과 독일군, 스파이더맨과 리자드, 배트맨과 조커, 국군과 괴뢰군.

이곳을 지나면 산길로 접어드는데 산길을 넘어 사북면 사무소를 지나면 다시 춘천댐의 변(북한강변이 될 수도 있겠지만)으로 화천까지 이어진다. 지나는 길에 어느 강변가 마을에서 연기가 피어나고 있었다. 배가 출출한 저녁 무렵이라면 나그네의 심정을 자극했을 테지만 오전이라 조금 그랬다. 그래도 좋았다.

붕어섬 남쪽(좌). 붕어섬 북쪽, 화천군 소재지가 흐린 날씨로 신기루처럼 보인다(우).

어디에서 시작됐는지 알 수 없는 자전거 전용도로가 눈에 띈다. 화천까지 이어진 자전거 도로.

사북면 가기 전 고개 위에서 이 지역에서는 보기 힘든 넓은 들과 하천인 북한강 지류를 내려다 보았다. 겨울인데도 비가 와서인지 유량도 제법 됐다.

이제 사북면을 지나 공원처럼 조성해놓은 곳에서 강을 바라보았다. 흐리고 안개도 끼긴 했지만 나름대로 아름다웠다. 강 옆으로 자전거 도로가 눈에 띄었다. 이 자전거 도로가 화천까지 이어졌다. 화천에 거의 다 도착할 때쯤 그 모습을 드러낸 붕어섬. 붕어같이 생겨서 붕어섬이라고 한다는데 화천 쪽으로 이어진 다리가 꼬리지느러미 같기는 하다. 어린이 놀이기구, 테니스코트, 흐린 날씨, 안개까지 껴서 칙칙하게만 보였다.

위라리 7층 석탑. 강원도 화천군 하남면 위라리 397, 강원도 유형문화재 제30호. 어린이 보육시설이라는 '풍익홈'이

라는 복지시설 안에 있다. 풍익홈이라는 어린이 보육시설이 이곳에 생긴 것은 6.25전쟁으로 인한 전쟁고아들을 돌보기 위한 것이었으며 곽종옥 원장이란 분이 세웠단다. 이곳을 거쳐 간 아이들이 1000여 명이라고 하니 참 대단한 일이다. 사전지식이 없어서 남들이 사는 곳 엿보는 것 같아 대충만 봤다.

위라리 7층 석탑. 정면모습.　　위라리 7층 석탑. 측면 모습.　　탑의 기단부인 1층 탑신

휴일이라 그런지 아이들의 기척은 느끼지 못했다. 나름 깔끔하게 정리되어 있었다.

위라리 7층 석탑에 대해서는 여기저기 정리가 되어 있었지만 조금씩 달랐다. 그 중 네이버 백과사전의 설명이 가장 자세한 것 같아 정리해 보았다.

위라리 7층 석탑 이 탑은 고려 충렬왕(제25대)때 화천군 하남면의 분사인 일명사와 함께 세워졌으며 일명사탑이라고도 한다.(이 탑 옆에 있는 안내표시판에는 '이 탑의 원래 위치와 절이름은 알 수가 없다.'라고 되어 있는데 이 백과사전에는 단정적으로 일명사탑이라고 하고 있다. 무슨 사연이 또 이곳에도 있었을까? 그렇다는 이야기다.) 탑신은 1, 2, 3층만 제 것이고 나머지는 후대에 보완한 것이라고 하며 지대석위의 기단부가 모두 없어져 1층에 몸돌을 놓았다.(7층이라 아직도 장대한데 기단부가 제대로 갖추어지고 그 위로 7층 탑이 탑신의 균형을 갖추어 세워졌다면 상상 이상으로 아름다웠을 것이다.) 옥개받침이 매우 낮은 삼단의 역계단식이고 옥개의 처마 끝의 반전이 약하다고는 하지만 현재보다 더 높아진 키를(제대로 된 기단부를 갖추었다면 80~100cm는 높아질 테니까) 밑에서 위로 바라본다면 그 반전이 그렇게 약한 것만도 아닐 것 같다.

탑의 기단부가 되어버린 1층 탑신에는 우주만 새겨져 있고 아무런 돋을새

풍익원을 내려오면서 바라다본 눈 덮인 산.

김이 없다. 석탑의 조형양식은 신라계의 전형적인 형식을 취하고 있다는데 고려시대 충렬왕이라면 고려시대 후반부인데 어느 부분이 그랬다는 것일까. 설명이 필요할 것 같다. 절에 있는 석탑들은 이렇게 이끼가 끼어 있는 것이 드문데 이렇게 저혼자 떨어져 나와 있는 석탑들은 이끼가 무성한 것이 많다. 정리를 너무 많이 해서 그런가? 그냥 그대로 둬야 오히려 이끼도 덜 끼고 손 상도 덜 받지 않을까? 그래픽이라도 사용해서 원래 모습을 복원해보면 좋으 련만. 그렇게라도 천수를 다하거라. 이미 그렇게 지낸 천 년에 또 다른 천 년 을 보태더라도. 풍익원의 고결한 뜻을 위해서라도.

또 비가 치적치적 내렸다. 눈이 아닌 게 얼마나 다행스러운 일인가. 가슴을 쓸어내리며 풍익원에서 내려오다가 눈 덮인 산을 마주 보았다. 매봉산과 병 풍산이 겹쳐 보이는 것일 게다.

5번 국도는 화천향교가 있는 아트막한 산의 터널(화천 터널)을 지나간다. 화천향교는 강원도 문화재자료 제102호이다.

1700년대 건립되었으나 6.25전쟁 때 전소한 것을 1960년 관내 유림의 주 선으로 대성전과 내삼문을 재건하였으며(현재 있는 건물 중 윗부분). 1975년 명

화천향교 입구의 홍살문.

륜당과 외삼문 제기고를 중건하였고(현재건 물중 아랫부분) 1982년 홍살문이
건립되었다.

홍살문은 궁전, 관아, 능, 묘, 원 등의 앞에 세우던 붉은 칠을 한 나무이다.

그 기원이 조선인데도 어디에서 연유했는지
확실하지 않다고 한다. 궁궐이나 능 입구에 흔히 설치되어 있지만 서원이나
향교에서 그 예를 찾아보기는 쉽지 않다. 외삼문은 바깥 담에 세 칸으로 세운
대문을 이르는데 보통 현판을 걸
고 있는 경우가 많다.(병산서원 외삼
문–복례문 등)

문이 닫혀 있었다. 밖에서 넘겨
다볼 수밖에 없었다.

학생들이 모여 공부하던 강당을
명륜당이라고 하는데 분홍 바탕에
기둥을 자주색으로 입혀 화려했
다. 공부가 잘됐을까? 뭐, 요즈음

화천향교 전경. 왼쪽이 외삼문이다.

담 밖에서 넘겨다본 명륜당(좌). 명륜당 뒤 내삼문과 그 뒤로 살짝 보이는 것이 대성전이다(우).

은 좀 튀는 것이 좋으니까. 주변의 나무색과 잘 어울리긴 했다. 지금 내가 그 안에 들어가 사서오경을 암송할 것은 아니지 않은가.

대성전은 공자의 위패를 모시는 전각이다. 공자를 중앙에 모시고 안자, 증자, 자사, 맹자 등 4성을 좌우에 모셔 합사하였다. 우리나라의 18현(설총, 최치원, 안유, 정몽주, 김굉필, 정여창, 조광조, 이언적, 이황, 이이, 성혼, 김장생, 송시열, 송준길, 박세채, 조헌, 김집, 김인후 등을 우리나라 18현이라고 한다.)을 모셨다. 이름을 일일이 나열해본 것은 화천향교 안내도에 낱낱이 표기되었기 때문이다. 직접 들어가 볼 수는 없었지만 다른 곳을 본 적이 있어서 그냥 상상만 해보았다. 자꾸 스러져가는 우리의 옛것이지만 그래도 지킬 것 지켜보려는 이 지역 사는 분들의 노력이 보이는 것 같았다. 붙잡고 늘여져 보려는데 그 손가락 사이로 스멀스멀 빠져나가는 것들, 그걸 잡아보려는 것이 우리 세대의 모습 같다. 향교 앞에서 화천군의 군 소재지 모습이 한눈에 들어왔다.

오늘의 최종목적지이며 이번 기행의 최종목적지는 5번 국도의 종점이다. 원래는 경남 마산에서 평안북도 자성군 중강

향교 앞에서 바라본 화천군 군 소재지 전경.

면에 이르는 국도인데 남북분단으로 현재는 철원군 김화읍에서 43번 도로와 만나는 곳을 종점으로 하고 있다. 마산 내서읍 현동 분기점에서 여기 종점까지 거리는 526.3km이고 도로 포장률은 백퍼센트이다. 그 종점을 향했다.

터널을 지나면서부터는 민간부락보다는 군부대들이 이어지기 시작하더니 산양리 버스터미널이 있는 마을을 지나 낮은 고개를 지나자 급기야는 검문소가 나타났다. 통과하는 전 차량, 탑승자 인적사항을 기재하고 무슨 통행증 같은 것을 받았다. 그렇구나, 휴전선을 사이에 두고 대치하고 있는 곳이구나. 공연히 미안한 생각도 들었다. 그래, 나도 지켰던 시절이 있었다. 지금보다 복무기한도 훨씬 길었다. 더 춥고 더 배고팠고…… 항상 지난 일들이 훨씬 더 힘들고 더 어렵게 느껴지는 것 아니겠나? 안으로 들어갈수록 큰 병영 안에라도 들어온 느낌이었다. 휴일이라 그런지 트레이닝복 차림의 군인들이 보이기도 하고 부대표시판과 무슨 훈련장의 표시가 이어지기도 하고…… 감히 사진을 찍어볼 엄두가 나지 않았다. 5번 국도의 끝에서 나름대로 의식이라도 치러보겠다는 생각은 사그라지고 그 끝을 확인만이라도 해보고 싶었다. 또 검문소, 이번엔 출구 검문소였다. 검문소를 통과해서 사곡리 사거리에서 다시 우회전.

그러나 용암삼거리에서 또 검문소를 만났다. 실제 5번 국도 현재의 종점은 이곳에서 북

쪽으로 1.2km 더 가면 김화읍 읍내리 읍내 삼거리에
서 43번 국도와 만나면서 끝나게 된다. 그러나 몇 번의
검문에 지친 과객은 검문소를 또 통과할 생각이 나지
않았다. 초병에게 물어보니 오후 5시까지는 통행 된다
고 하며 – 물론 통행증을 받아야 하지만– 검문소 이외
에 특별한 군사시설이 없으니 사진도 찍을 수 있다고
했다. 그래서 찍은 사진이 위의 사진이다.

끝이 조금 싱겁다. 오면서 길도 좁고 많이 꼬불꼬불,
그리고 도로 곳곳에 잔설이 남아 있었다. 또 병영 같은
길을 지나면서 다른 생각을 할 새가 없었다. 그래도 마지막치고는 싱겁다. 섭
섭하다. 무엇을 찾은 것 같기도 하고 아닌 것도 같고. 아쉽다. 조금 더 갔으면
꼭 무엇 하나 건질 수 있을 것 같은데. 그래도 나는 내년에 새로운 출발을 할
것이 분명하다. 찾지는 못했지만 어렴풋하게나마 찾아야 할 길('길 없는 길'이
라 했던가, 최인호 작가는)을 찾았다고 느끼고 있으니까.

휴대전화가 울렸다. 반가운 손님이 온다고 빨리 오라는 아내로부터의 연락
이었다. '여기서부터 5번 국도로 가면 526km요, 내비게이션에서 알려주는
최단거리라도 459km라네.' 그래도 또 목표는 주어졌다. 빨리 가자!

후기

처음 이 여행을 생각하고 또 출발할 때에는 5번 국도를 따라 무작정 걷기로 했었다. 걷다 보면 무엇이든 부딪힐 테고, 또 떠오를 테고, 찾을 수 있을 거로 생각했다. 그것이 지난겨울 끝무렵이었고 또 올해의 이른 봄이었다. 그렇게 그 겨울이 가고 봄이 가고 여름, 가을도 가면서 그리고 칠서, 영산, 창녕, 현풍, 대구, 의성, 안동을 지나면서, 출발지에서 거리가 멀어지면서 시간이 지나면서 조금씩 바뀌었다.

처음엔 걸어서 의성, 안동을 지났고 종종 대중교통을 병행하기도 했다. 풍기, 단양, 제천을 지나면서는 대중교통과 승용차를 이용하였고, 제천을 지나 원주부터는 주로 승용차를 이용했다. 걸어다닐 때에는 시야가 도로에서 크게 벗어날 수 없었다. 자동차 전용도로 자체에 대한 두려움도 있었고, 육체적 피로도 무시할 수 없었다. 물론 이동시간에 따른 시간적, 공간적 한계도 있었다. 의성에서 안동까지 30km 남짓한 거리를 온종일 걸었다. 그전 도착지인 의성까지 가기 위해 창원에서 대구까지 기차, 동대구에서 서대구터미널까지 택시, 서대구터미널에서 의성까지 버스……. 이렇게 이동하다 보니 의성에서 출발한 것이 11시가 넘어서였다. 안동은 그 지역도 넓고 이곳저곳 다녀 볼 것도, 보고 싶은 것도 많은 곳이었다. 다음 날 아침, 그 넓은 지역(안동은 넓이

만으로는 서울의 2.5배라고 한다. 물론 댐의 수계를 포함해서이기는 하지만)을 걸어서는 단 한 곳도 제대로 볼 수 없을 것 같았다. 그래서 택시를 이용했다. 안동의 서쪽 끝에 있는 하회마을, 병산서원과 북쪽의 봉정사, 동쪽 끝에 있는 도산서원을 볼 수 있었다. 과거에 여행해보았던 곳도 있었지만 다시 새로운 의미로 다가오기도 했다. 그동안 내가 알고 있던 것들은 너무 편협했고 지엽적이었다. 가는 시간과 오는 시간 거리도 문제였지만 단순히 길에서 얻을 수 있는 것보다는 일단 재미있었다. 그랬다. 아직은 모르는 것이 너무 많았다. 그래서 자동차를 이용하기로 마음먹은 것 같다. 5번 국도 주변에서 내가 다가갈 수 있는 범위 내에서 무엇이든 찾았다. 그래서 이렇게 되어버리고 말았다. 후회는 없다. 순수한 도보를 통한 내면의 탐사는 또 기회가 있으리라. 또 다른 열망이 내면으로부터 생기기 시작했으니까.

2013년 1월 초
최우식